# Python
## ハッカーガイドブック

### 達人が教えるデプロイ、スケーラビリティ、テストのコツ

Julien Danjou[著] 寺田 学[監訳] 株式会社クイープ[訳]

本書のサポートサイト

本書の補足情報、訂正情報などを掲載します。適宜ご参照ください。

https://book.mynavi.jp/supportsite/detail/9784839968687.html

● 本書に登場する製品やソフトウェア、サービスのバージョン、画面、機能、URL、製品のスペックなどの情報は、すべて原稿執筆・翻訳時点でのものです。変更されている可能性があります。
● 本書に記載された内容は、情報の提供のみを目的としております。したがって、本書を用いての運用は、すべてお客さま自身の責任と判断において行ってください。
● 本書の制作にあたっては正確な記述につとめましたが、著者、出版社、翻訳者、監訳者のいずれも、本書の内容に関して何らかの保証をするものではなく、内容に関するいかなる運用結果についても一切の責任を負いません。あらかじめ、ご了承ください。
● 本書中の会社名や商品名は、該当する各社の商標または登録商標です。また、本書中では™および® マークは省略しています。

# はじめに

　ここを読んでいるとしたら、多少なりとも Python を経験していると見て間違いないでしょう。チュートリアルを使って学んだのかもしれませんし、既存のプログラムを細かく調べたのかもしれませんし、ゼロからスタートしたのかもしれません。いずれにしても、Python を学ぶために地道に努力してきたことでしょう。筆者も 10 年前に大規模なオープンソースプロジェクトに携わるようになるまでは、Python をよく知るためにまったく同じことをしていました。

　最初のプログラムを書き上げたところで、Python のことはよくわかったし、Python を理解したと、つい考えてしまいます。この言語は、それだけ取っ付きやすいのです。しかし、Python をマスターし、その長所と短所を深く理解するには、数年を要します。

　Python を始めたとき、筆者は「ガレージプロジェクト」規模の Python ライブラリとアプリケーションを独自に開発しました。状況ががらりと変わったのは、数百人の開発者とともに数千人規模のユーザーが使用するソフトウェアに取り組むようになったときでした。たとえば、筆者がコントリビューターをしている OpenStack プラットフォームは 900 万行もの Python コードで構成されており、コード全体が簡潔で効率的でなければならず、ユーザーが要求するクラウドコンピューティングアプリケーションのニーズに対してスケーラブルでなければなりません。この規模のプロジェクトでは、テストや文書化などの自動化が絶対に欠かせません。さもなければ、作業は一向に捗らないでしょう。

　最初は想像もつかなかった規模に達したこれらのプロジェクトに従事するまでは、Python についてよく知っていると思っていましたが、それ以来、ずっと多くのことを学んできました。業界屈指の Python ハッカーに会って学ぶ機会にも恵まれました。一般的なアーキテクチャや設計原理から、参考になるさまざまなヒントやコツまで、いろいろなことを教わりました。本書を通じて、筆者が学んできた中で最も重要な内容を共有することで、よりよい Python プログラムを、より効率よく開発できるようになることを願っています。

　本書の初版である『The Hacker's Guide to Python』は 2014 年に出版されました。そして、『Serious Python』（本書の原著タイトル）は、まったく新しい内容となって第 4 版を迎えました。どうか本書を楽しんでください。

Julien Danjou

# 日本語版のための序文

この初めての本の執筆には、とてつもない努力を要しました。思い返せば、この旅がどれほど大変なものになるかをまったく知らずにいたわけですが、どれほど満ち足りたものになるかもまったくわかっていませんでした。

最初のページを書いてから7年後に、まだ本書の日本語版の新しいページを作っているなんて、私がどれほど驚いているか想像してみてください。本書の初版を出版したときには、こんな展開になるとは夢にも思っていませんでした。

本書は、この数年間に複数の言語に翻訳されており、日本語がその1つに加わることをとてもうれしく思っています。私は何年も前に日本を一度だけ訪れたことがあり、それ以来、私の夢は家族と一緒に再び訪れることです。

「早く行きたければ1人で行け、遠くへ行きたければ皆で行け」ということわざがあります。本書は最初に執筆した本の第4版であり、多くの方々の力添えがなければ、ここまでたどり着けなかったでしょう。本書はチームの成果であり、参加してくれたすべての方々に感謝したいと思います。

インタビューを受けてくれた方のほとんどは、ためらうことなく時間を割き、私を信頼してくれました。本書で教えている内容は多分に彼らのおかげであり、ライブラリの構築に関する Doug Hellmann のすばらしいアドバイス、Joshua Harlow のユーモアのセンスと分散システムに関する知識、フレームワークの構築における Christophe de Vienne の経験、CPython に関する Victor Stinner のとてつもない知識、データベースに関する Dimitri Fontaine の見識、Robert Collins のテストでのしくじり、Python をよりよいものにするための Nick Coghlan は Python の取り組み、そして Paul Tagliamonte の驚くべきハッカー精神の賜物です。

No Starch Press のスタッフには、本書をまったく新しいレベルに引き上げるために協力してくれたことに感謝しています。特に、Liz Chadwick の編集能力、私を常に正しい方向に導いてくれた Laurel Chun、そして Mike Driscoll の技術的な知見に感謝しています。彼らは、マイナビ出版の西田雅典とともに、本書の翻訳を可能にした立役者でもあります。

翻訳という難事業は株式会社クイープによって行われ、寺田学によって監修されました。ラテン文字を漢字に変換するという離れ業をやってのけてくれたことに感謝しています。

また、知識を共有し、私の成長を助けてくれたフリーソフトウェアコミュニティにも感謝しています。その中でも Python コミュニティは常に友好的で、熱意にあふれています。

Julien Danjou, Paris, 2020 年 4 月 6 日

# 監訳者序文

　本書を手に取っている人にとって、Python はすでに身近なものかもしれません。この数年間でプログラミング言語 Python は、急速にシェアを獲得しています。Python はシンプルな文法で初学者に優しい言語ですが、それだけでなくプロフェッショナルな用途でも幅広く使われています。

　Python が使われている場面として、データ分析や AI といった分野がよく取り上げられますが、Web や OS などの基盤技術でも多くの実績があり、10 年以上にわたって多くの場面で使われています。たとえば、Linux のメジャーディストリビューションである Red Hat Enterprise Linux には古くからPython が組み込まれており、インストーラやパッケージマネージャという重要な場面で使われています。Web でも多くの実績があり、写真共有 SNS の Instagram では Python が多く使われています。

　このような Python ですが、2020 年は大きな節目を迎えました。旧来から使われていた Python 2 が EOL（サポートの終了）を迎えたからです。10 年以上かけててていねいに Python 3 への移行を行ってきた成果が問われる年ともいえます。

　本書は、もともと Python 2 をベースに書かれていたそうです。数年に一度の改編を何度も繰り返し、現在にあった形になっています。つまり、それだけ長く愛されている書籍であるということの裏返しなのではないかと思っています。原著者は長く OpenStack コミュニティで活動し、エンタープライズ分野で基盤になるシステム構築やアプリケーションのメンテナンス運用をされているそうです。これらのことが Tips として多くの場所に散りばめられている書籍だと思います。

　本書は、初心者向けではありません。中級から一歩先にプロフェッショナルとして、長く使われるシステムを作る際に必要な知識が書かれています。その分、初心者にはわかりにくい表現や説明不足な部分も否めません。また、データ分析や Web といった技術の話題ではなく、基盤技術を作るということや大人数で分散して開発する際の注意が書かれています。

　今回の監訳にあたり、コミュニティ仲間の 2 人にもお願いをしてレビューおよび意見をいただきました。Sphinx-users.jp で活動している山田　剛 (@usaturn) さんに第 3 章「ドキュメントの作成とよいAPI プラクティス」に意見をいただきました。JVM 上で動く Python 3 処理系を開発している澁谷　典明 (@yotchang4s) さんに第 9 章「AST、HY、Lisp ライクな属性」にご意見をいただきました。ともに私の専門分野ではないところを細かく確認していただけたのは非常にありがたかったです。この場を借りてお礼を申し上げます。最後に、休日に書斎にこもって作業することを許してくれた妻にも感謝をしたいと思います。

　本書が、皆さんのさらなるステップアップの手助けになることを期待しています。

2020 年 5 月　寺田 学

# 本書の対象読者

　本書は、Python のスキルを向上させたいと考えている Python コーダーと Python 開発者を対象にしています。

　本書には、Python を最大限に活用し、将来性のあるプログラムを作成するのに役立つ手法とアドバイスが含まれています。すでにプロジェクトに従事している場合は、本書で説明している手法をすぐに取り入れることで、現在のコードを改善できるはずです。最初のプロジェクトに取り組もうとしている場合は、ベストプラクティスを用いて設計図を作成できるでしょう。

　本書では、効率的なコードの書き方をよく理解できるようにするために、Python の内部メカニズムを紹介します。Python の内部の仕組みについての深い洞察を得ることができ、問題や効率の悪い手法を理解するのに役立つはずです。

　また、Python コード、アプリケーション、ライブラリのテスト、移植、スケーリングといった問題に適用できる、実証済みのソリューションも提供します。他の開発者と同じ過ちを犯さないようにし、ソフトウェアの長期的なメンテナンスに役立つ戦略を発見するのに役立つでしょう。

# 本書の内容

　本書は、必ずしも最初から順番に読み進めていくような設計にはなっていません。興味のある部分や、現在進行中の作業に関連のある部分から読んでも構いません。本書全体にわたって、幅広いアドバイスや実用的なヒントが見つかるはずです。次に、各章の内容を簡単にまとめておきます。

　**第 1 章**では、プロジェクトに着手する前に検討すべきことに関するガイドラインと、プロジェクトの構造化、バージョン番号、自動化されたエラーチェックの準備などに関するアドバイスを提供します。最後に、Joshua Harlow へのインタビューがあります。

　**第 2 章**では、Python のモジュール、ライブラリ、フレームワークを取り上げ、それらの内部の仕組みをざっと紹介します。sys モジュールを使用する方法、pip パッケージマネージャをうまく活用する方法、最適なフレームワークを選択する方法、そして標準ライブラリと外部ライブラリを使用する方法が理解できるはずです。最後に、Doug Hellmann へのインタビューがあります。

　プロジェクトは公開された後も進化します。そこで**第 3 章**では、プロジェクトの文書化と API の管理に関するアドバイスを提供します。Sphinx を使った特定の文書化タスクの自動化について具体的なガイドラインが得られるはずです。最後に、Christophe de Vienne へのインタビューがあります。

　**第 4 章**では、古くからあるタイムゾーンの問題を取り上げ、datetime オブジェクトと tzinfo オブ

ジェクトを使ってそれらの問題にプログラムで対処する最善の方法を紹介します。

**第5章**では、配布に関するガイドラインを提供することで、ソフトウェアをユーザーに提供するための手助けをします。パッケージ化、配付フォーマット標準、`distutils`ライブラリと`setuptools`ライブラリ、そしてエントリポイントを使ってパッケージの動的機能を簡単に発見する方法を紹介します。最後に、Nick Coghlanへのインタビューがあります。

**第6章**では、ユニットテストを取り上げ、`pytest`を使ったユニットテストの自動化に関するベストプラクティスと具体的なチュートリアルを紹介します。また、仮想環境を使ってテストの分離度を高めることについても説明します。最後に、Robert Collinsへのインタビューがあります。

**第7章**では、メソッドとデコレータを詳しく見ていきます。関数型プログラミングにPythonを使用することについて検討し、デコレータをいつどのように使用するのか、そしてデコレータのためのデコレータを作成するにはどうすればよいのかについてアドバイスを提供します。また、静的メソッド、クラスメソッド、抽象メソッドを取り上げ、これらの3つを組み合わせてプログラムの堅牢性を高める方法についても詳しく見ていきます。

**第8章**では、Pythonで実装できる関数型プログラミングのトリックをさらに紹介します。この章では、ジェネレータ、リスト内包、関数型関数と、それらを実装するための一般的なツール、そして便利なライブラリ`functools`について説明します。

**第9章**では、Python言語の裏側を覗き込み、Pythonの内部構造である抽象構文木（AST）について説明します。また、ASTに対応するように`flake8`を拡張して、より高度な自動チェックをプログラムに導入します。最後に、Paul Tagliamonteへのインタビューがあります。

**第10章**は、パフォーマンスを最適化するためのガイドです。適切なデータ構造を使用し、関数を効率的に定義し、動的なパフォーマンス解析を適用してコードからボトルネックを見つけ出します。また、データコピーの無駄を減らすこととメモ化についても説明します。最後に、Victor Stinnerへのインタビューがあります。

**第11章**では、マルチプロセッシングではなくマルチスレッディングを使用する状況とその方法や、スケーラブルなプログラムを作成するためにイベント指向とサービス指向のどちらのアーキテクチャを使用すべきかを含め、マルチスレッディングという難解なテーマに取り組みます。

**第12章**では、リレーショナルデータベースを取り上げます。リレーショナルデータベースの仕組みと、PostgreSQLを使ってデータの管理とストリーミングを効果的に行う方法について見ていきます。最後に、Dimitri Fontaineへのインタビューがあります。

最後の**第13章**では、コードをPython 2とPython 3の両方に対応させる方法、Lispライクなコードを作成する方法、コンテキストマネージャを使用する方法、`attrs`ライブラリを使ってコードの繰り返しを減らす方法など、さまざまなトピックに関して適切なアドバイスを提供します。

# 著者紹介

**Julien Danjou**（ジュリアン・ダンジュー）

20 年近くにわたってフリーのソフトウェアハッカーとして活動し、12 年前から Python でソフトウェア開発を行っている。現在は、分散クラウドプラットフォーム OpenStack のプロジェクトチームリーダーを務めている。OpenStack は 250 万行の Python からなる最大規模のオープンソース Python コードベースを持つプラットフォームである。クラウドの構築に携わる前はすばらしいウィンドウマネージャを作成しており、Debian や GNU Emacs など、さまざまなソフトウェアに貢献している。

# テクニカルレビューア紹介

**Mike Driscoll**（マイク・ドリスコル）

10 年以上にわたる Python でのプログラミング経験を持つ。「The Mouse vs. The Python」というブログを開設し、長年にわたって Python に関する記事を書いている。『Python 101』『Python Interviews』『ReportLab: PDF Processing with Python』を始めとする、さまざまな Python 本の著者でもある。Twitter や GitHub では、@driscollis のハンドルネームで活動している。

# 監訳者紹介

**寺田 学**（てらだ まなぶ）

Python Web 関係の業務を中心にコンサルティングや構築を行う株式会社 CMS コミュニケーションズ代表取締役。2010 年から国内の Python コミュニティに積極的に参画し、PyCon JP の開催に尽力した。2013 年 3 月からは一般社団法人 PyCon JP Association の代表理事を務める。その他の OSS 関係コミュニティの主宰またはスタッフとして活動中。一般社団法人 Python エンジニア育成推進協会顧問理事として、Python の教育に積極的に関連している。

最近は Python の魅力を伝えるべく、初心者向けや機械学習分野の講師を精力的に務めたり、Python をはじめとした技術話題を扱うポッドキャスト『terapyon channel』(https://podcast.terapyon.net/) を配信中。

著書として、『機械学習図鑑』（共著／翔泳社）、『Python によるあたらしいデータ分析の教科書』（共著／翔泳社）、『スラスラわかる Python』（監修／翔泳社）などがあり、その他執筆活動も行っている。

# 翻訳者紹介

**株式会社クイープ**（http://www.quipu.co.jp/）

1995 年、米国サンフランシスコに設立。コンピュータシステムの開発、ローカライズ、コンサルティングを手がけている。2001 年に日本法人を設立。主な訳書に『マルウェア データサイエンス』『プラトンとナード』『サイバーセキュリティ レッドチーム実践ガイド』（マイナビ出版）、『Amazon Web Services インフラサービス活用大全』（インプレス）、『なっとく！ディープラーニング』『Python トリック』（翔泳社）、『プログラミング ASP.NET Core』（日経 BP）、『Raspberry Pi で学ぶコンピュータアーキテクチャ』（オライリー・ジャパン）などがある。

# 目次

# 1

# 第1章　プロジェクトを開始する

始まりとなる本章では、プロジェクトを開始するときのいくつかの注意点と、作業を開始する前に検討すべき点について見ていきます。これには、使用するPythonのバージョン、モジュールを構造化する方法、ソフトウェアに効果的なバージョン番号を割り当てる方法、そして自動エラーチェックを通じてベストコーディングプラクティスを確実に適用する方法が含まれます。

# 1.1　Python のバージョン

プロジェクトを開始する前に、そのプロジェクトでサポートする Python の（1 つまたは複数の）バージョンを決める必要があります。これは、思ったほど簡単な決定ではないかもしれません。

Python が複数のバージョンを同時にサポートするということは、秘密でも何でもありません。インタープリタの各マイナーバージョンについては、18 か月のバグフィックスサポート[監訳注1] と 5 年間のセキュリティサポートが保証されています。たとえば、2018 年 6 月 27 日にリリースされた Python 3.7 は、2019 年 10 月頃に予定されている Python 3.8 のリリースまでサポート[監訳注2] されます。2019 年 12 月頃に Python 3.7 の最後のバグフィックスがリリースされ、すべてのユーザーが Python 3.8 に切り替えるものと期待されます[訳注1]。図 1-1 の年表に示すように、Python の新しいバージョンがリリースされるたびに新しい機能が導入され、古い機能は非推奨となります。

●図 1-1：Python リリースの年表

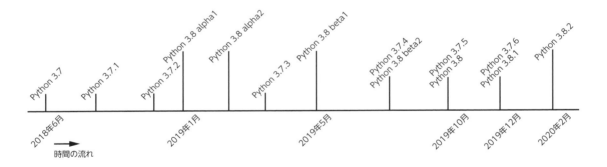

---

※監訳注 1
2020 年 10 にリリース予定の Python 3.9 から毎年リリースされるように変更になった。
https://www.python.org/dev/peps/pep-0602/

※監訳注 2
ここでいうサポートとは各種機能のバグフィックスのサポートを指し、セキュリティサポートとは別である。

※訳注 1
Python 3.8.0 は 2019 年 10 月 14 日にリリースされた。Python 3.7 のサポート期限は 2023 年 6 月 27 日となっており、最後のバグフィックス（3.7.8）については 2020 年 6 月 27 日のリリースが期待されている。
https://www.python.org/dev/peps/pep-0537/

それに加えて、Python 2 と Python 3 の問題も考慮しなければなりません。（非常に）古いプラットフォームでは Python 3 が利用できないため、そうしたプラットフォームを使用している人々が Python 2 のサポートを引き続き要求することが考えられます。しかし、原則として、Python 2 はサポートから外すのが賢明です。

次に、必要なバージョンをすばやく突き止める方法をまとめておきます。

- 2.6 とそれ以前のバージョンは使用されなくなっているため、それらのサポートを考慮に入れることはいっさい推奨されない。何らかの理由でそうした古いバージョンをサポートせざるを得ない場合、そのプログラムに Python 3.x もサポートさせるのは至難の業であることを警告しておく。とはいえ、古いシステムによっては思いがけず Python 2.6 に遭遇することがあるかもしれない。その場合は「お気の毒」としか言いようがない。

- バージョン 2.7 は Python 2.x の最後のバージョンであり、それは今後も変わらない。最近では、すべてのシステムが基本的に Python 3 を実行しているか、何らかの方法で Python 3 を実行することができる。このため、考古学をやっているならともかく、新しいプログラムで Python 2.7 のサポートを検討する必要はないはずだ。Python 2.7 のサポートは 2020 年以降に終了する予定なので、Python 2.7 をベースとして新しいソフトウェアを構築するのは避けたほうがよいだろう[※監訳注3]。

- 本書の執筆時点では、Python 3 ブランチの最新バージョンは 3.7 であり、新しいプログラムではこのバージョンをターゲットにすべきである。ただし、オペレーティングシステム (OS) にバージョン 3.6 が含まれている場合は、プログラムを必ず 3.6 にも対応させる必要がある（執筆時点では、Windows 以外のほとんどの OS にはバージョン 3.6 以降が含まれている）。

Python 2.7 と Python 3.x の両方をサポートするプログラムの作成手法については、第 13 章で説明します。

なお、本書の内容は Python 3 を念頭に置いて執筆されています[※訳注2]。

---

※監訳注3
2020 年 1 月 1 日で EOL となっており、2020 年 4 月 20 日に Python 2.7.18 が最終リリースされた。
※訳注2
翻訳時の検証には Python 3.8.1/3.7.3 を使用した。

# 1.2　プロジェクトの計画を立てる

　新しいプロジェクトが始まるときは、決まって少し頭を悩ませるものです。プロジェクトの構造は
まだはっきり決まっていないため、ファイルをどのように整理すればよいかわからないかもしれませ
ん。ただし、ベストプラクティスをきちんと理解していれば、出発点として使用すべき基本的な構造
がわかるはずです。ここでは、プロジェクトの計画を立てるときに実行すべきことと実行すべきでは
ないことについて、いくつかのコツを挙げてみましょう。

## 何をすべきか

　まず、プロジェクトの構造について検討しますが、これはかなり簡単なはずです。パッケージと階
層をうまく使ってください。階層が深くなると、ファイルを見つけ出すのにかなり苦労することがあ
るからです。逆に、平坦な階層は肥大化しがちです。

　次に、これはよくある間違いですが、ユニット（単体）テストをパッケージディレクトリの外に格納
しないようにしてください。これらのテストは、当然ながらソフトウェアのサブパッケージにまとめ
るべきです。そうしないと、setuptools（またはその他のパッケージ管理ライブラリ）によって、誤っ
てトップレベルの tests モジュールとして自動的にインストールされてしまいます。ユニットテスト
をサブパッケージにまとめておくと、それらがインストールされることが担保されるので、他のパッ
ケージからも利用可能になり、最終的にユーザーが独自のユニットテストの構築に利用できるように
なります。

　標準的なファイル階層は図 1-2 のようになります。

●図 1-2：標準的なパッケージのディレクトリ

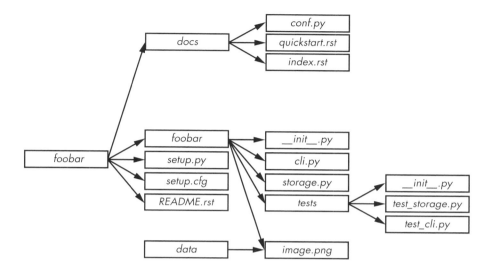

　Python のインストールスクリプトの標準名は setup.py です。このファイルには、対のファイルとして、インストールスクリプトの設定情報が含まれた setup.cfg があります。setup.py は実行時に Python の配布ユーティリティを使ってパッケージをインストールします。

　ユーザーに重要な情報を提供したい場合は、README.rst を利用します。（このファイルには、README.txt など、好きな名前を付けて構いません）。そして、docs ディレクトリには、パッケージのドキュメントが **reStructuredText** フォーマットで含まれているはずです。reStructuredText は Sphinx [注1] によって使用されるフォーマットです。

　パッケージによっては、画像やシェルスクリプトなど、ソフトウェアで使用する追加のデータを提供しなければならないことがよくあります。残念ながら、そうしたファイルの格納場所として広く受け入れられている標準のようなものはありません。このため、それぞれの機能に応じて、プロジェクトにとって最も意味をなす場所に配置するとよいでしょう。たとえば、Web アプリケーションのテンプレートは、パッケージのルートディレクトリの templates ディレクトリに配置するとよいかもしれません。

　最もよく使用されるトップレベルディレクトリは、次の 3 つです。

---

※注1
第 3 章を参照。

Python ハッカーガイドブック　005

- etc：サンプル構成ファイルを配置する
- tools：シェルスクリプトや関連ツールを配置する
- bin：setup.py によってインストールされるカスタムバイナリスクリプトを配置する

## 何をしてはならないか

　設計に関しては特にそうですが、十分に考えられていないプロジェクト構造が目につくという問題があります。開発者によっては、ファイルやモジュールをそれらの中に保存するコードの種類に基づいて作成します。たとえば、そうした開発者は functions.py や exceptions.py のようなファイルを作成するかもしれません。これは**ひどい**アプローチであり、開発者がコードを探すときに何の助けにもなりません。開発者がコードベースを読むときには、プログラムのコードが機能別に特定のファイルに含まれていることを期待します。前述のアプローチではコードがうまく整理されず、コードを読むために意味もなくファイルからファイルへ移動するはめになります。

　コードは、種類ではなく**機能**に基づいて構成してください。

　また、__init__.py ファイルだけが含まれたモジュールディレクトリを作成すると、無駄にネストすることになるため、やはりよい考えではありません。たとえば、hooks/__init__.py というファイルが1つだけ含まれた hooks というディレクトリを作成する必要はなく、それなら hooks.py で十分でしょう。ディレクトリを作成していて、そのディレクトリが表しているカテゴリに属する Python ファイルが他にもある場合は、それらのファイルもそこに配置すべきです。意味もなく深い階層を構築すると、ややこしいことになります。

　また、__init__.py ファイルに保存するコードについても十分に注意すべきです。このファイルは、そのディレクトリに含まれているモジュールが最初に読み込まれるときに呼び出され、実行されます。__init__.py ファイルに不適切なコードが含まれていると、思わぬ副作用が生じることがあります。実際には、自分が何をしているのかを自覚していないのであれば、多くの場合、__init__.py ファイルは空にしておくべきです。ただし、__init__.py ファイルを完全に削除しようとしてはなりません。このファイルがないと、Python モジュールをまったくインポートできなくなります。Python では、ディレクトリがサブモジュールと見なされるためには、__init__.py ファイルが存在している必要があります。

# 1.3　バージョン番号を管理する

　ソフトウェアにバージョンの刻印を押し、より新しいバージョンがどれであるかをユーザーにわかるようにする必要があります。どのプロジェクトでも、コードの進化のタイムラインをユーザーが整理できるようにしなければなりません。

　バージョン番号を体系化する方法は無数にあります。ただし、PEP 440[※注2]により、すべてのPythonパッケージと（理想的には）すべてのアプリケーションが準拠すべきバージョンフォーマットが導入されています。PEP 440に従えば、他のプログラムやパッケージにおいて、このパッケージのどのバージョンが必要であるかを簡単かつ確実に割り出せるようになります。

　PEP 440では、バージョン番号を管理するために、次の正規表現フォーマットを定義しています。

```
[N!]N(.N)*[{a|b|c|rc}N][.postN][.devN]
```

　これにより、1.2や1.2.3といった標準的な番号付けが可能になります。次に、その他の細かい注意点をまとめておきます。

- バージョン1.2は1.2.0と同じ、1.3.4は1.3.4.0と同じといった具合になる。

- N(.N)*に一致するバージョンは**最終リリース**と見なされる。

- 2013.06.22といった日付に基づくバージョンは無効と見なされる。PEP 440フォーマットのバージョン番号を自動的に検出するツールは、1980以上のバージョン番号を検出した場合にエラーになる（はずである）[※監訳注4]。

- 最終的なコンポーネントには、次のフォーマットも使用できる。

  - N(.N)*aN（1.2a1など）はアルファリリースを意味する。アルファリリースは不安定なバージョンで、機能が不足していることがある。

---

※注2
https://www.python.org/dev/peps/pep-0440/

※監訳注4
年およびシリアル番号で表す「2020.1」というバージョン番号は許可されている。

- N(.N)*bN（2.3.1b2 など）はベータリリースを表す。ベータリリースは、機能の実装は完了しているものの、まだバグが残っているかもしれないバージョンである。

- N(.N)*cN または N(.N)*rcN（0.4rc1 など）は（リリース）候補を表す。このバージョンは重大なバグが見つからなければ最終製品としてリリースされる可能性がある。サフィックス rc と c の意味は同じだが、両方が使用される場合は、rc リリースのほうが c リリースよりも新しいと見なされる。

- 次のサフィックスも使用できる。

  - サフィックス .postN（1.4.post2 など）はポストリリースを表す。ポストリリースは、一般に、リリースノートの間違いといった公開プロセスでの小さな誤りに対処するために使用される。バグフィックスバージョンのリリースでは、.postN サフィックスを使用するのではなく、代わりにマイナーバージョン番号を増やす。

  - サフィックス .devN（2.3.4.dev3 など）は開発リリースを表す。開発リリースは正式バージョンのプレリリースである。たとえば 2.3.4.dev3 は、アルファ、ベータ、候補、または最終リリースに先立つ、2.3.4 リリースの 3 つ目の開発バージョンを表す。人が分類するには難しいため、このサフィックスは推奨されない。

ほとんどの一般的なユースケースでは、この方法で十分でしょう。

> **NOTE**
> **セマンティックバージョニング**（Semantic Versioning）について聞いたことがあるでしょうか。セマンティックバージョニングは、バージョン番号の管理に関して独自のガイドラインを設けています。この仕様書には PEP 440 と部分的に重なるところがありますが、残念ながら、完全な互換性はありません。たとえば、セマンティックバージョニングが推奨しているプレリリースバージョニングでは、PEP 440 との互換性がない 1.0.0-alpha+001 のような方式が使用されます。

　Git や Mercurial を始めとする多くの**分散バージョン管理システム**（DVCS）プラットフォームでは、オブジェクトを一意に識別するハッシュ値を用いてバージョン番号を生成できます[注3]。残念ながら、このシステムには PEP 440 が定義している方式との互換性がありません。その理由の 1 つは、識別用のハッシュ値に順序を持たせるのが不可能であることです。

---

※注3
Git の場合は、`git describe` を参照。

# 1.4　コーディングスタイルと自動チェック

コーディングスタイルはデリケートな問題ですが、Python をさらに詳しく見ていくとなると、この話題を避けるわけにはいきません。多くのプログラミング言語とは異なり、Python はブロックを定義するために**インデント**（indent）を使用します。これにより、「波かっこをどこに配置すればよいか」という長年の問いに対して単純な答えが提供されますが、「どのようにインデントすればよいか」という新たな疑問が生じます。

このことは、このコミュニティで最初に提起された問題の 1 つだったので、Python 開発者たちが知恵を絞った結果、**PEP 8 -- Style Guide for Python Code**※注4 が考え出されました。

このドキュメントは、Python コードを書くための標準スタイルを定義します。これらのガイドラインをリストにまとめると、次のようになります。

- インデントは 1 つのレベルにつきスペース 4 つ。

- すべての行を最大で 79 文字に制限する。

- トップレベルの関数とクラスの定義は 2 つの空白行で区切る。

- ファイルは ASCII または UTF-8 でエンコーディングする。

- モジュールのインポートは、1 つの import 文につき 1 つ、かつ 1 行に 1 つとする。インポート文はファイルの先頭のコメントと docstring の後に配置し、標準ライブラリ、サードパーティライブラリ、ローカルライブラリの順に配置する。

- 丸かっこ（()）、角かっこ（[]）、波かっこ（{}）の間、またはコンマの前で、余分なホワイトスペースを使用しない。

- クラス名には、CamelCase のように、キャメルケースを使用する。例外には、（必要に応じて）サフィックスとして Error を使用する。関数には、separated_by_underscores のように、小文字の単語をアンダースコアで区切った名前を付ける。プライベートの属性やメソッドでは、_private のように、名前の先頭にアンダースコアを付ける。

---

※注4
https://www.python.org/dev/peps/pep-0008/

　これらのガイドラインに従うのはそれほど難しいことではなく、非常に合理的です。ほとんどの Python プログラマーにとって、コードを書くときに PEP 8 に従うことに問題はないでしょう。

　とはいえ、間違いを犯すのが人間です（errare humanum est）。コードをくまなく調べて PEP 8 のガイドラインに従っていることを確認するのは、やはり大変な作業です。そんな私たちのために pep8 というツール[※訳注3]があります。このツールに Python ファイルを渡すと、このチェックを自動的に行ってくれます。pip を使って pep8 をインストールしたら、次のように使用します。

```
$ pep8 hello.py
hello.py:4:1: E302 expected 2 blank lines, found 1
$ echo $?
1
```

　ここでは、筆者の hello.py ファイルで pep8 を使用しています。pep8 の出力では、PEP 8 に準拠していない行や列が示され、それぞれの問題がコードで報告されます。この場合は、4 行目の 1 列目に問題があります。仕様書で義務付けられている項目への違反は**エラー**として報告され、それらのエラーコードは **E** で始まります。それほど重大ではない問題は**警告**として報告され、それらのエラーコードは **W** で始まります。先頭の文字に続く 3 桁のコードはエラーまたは警告の正確な種類を表します。

　百の位の数字は、エラーコードの一般的なカテゴリを表します。たとえば、E2 で始まるエラーはホワイトスペースに関する問題を表し、E3 で始まるエラーは空白行に関する問題を表し、W6 で始まる警告は推奨されなくなった機能が使用されていることを表します。これらのコードの一覧表は、pep8 の readthedocs ドキュメント[※注5]に含まれています。

## スタイルエラーをキャッチするツール

　標準ライブラリの一部ではない PEP 8 コードに対する検証の是非をめぐって、コミュニティでは依然として議論が続いています。筆者からのアドバイスとして、ソースコードに対して PEP 8 検証ツー

---

※訳注 3
https://pypi.org/project/pep8/
pep8 は pycodestyle という名前に変更されており、将来のリリースでは削除される。ここで試しているような単純な Python ファイルでは、どちらのツールの出力もほぼ同じである。
https://pypi.org/project/pycodestyle/

※注 5
https://pep8.readthedocs.io/
https://pycodestyle.readthedocs.io/en/latest/

ルを定期的に実行することを検討してみてください。継続的インテグレーションシステムに統合して
しまえば、検証を行うのは簡単です。少し極端な方法に思えるかもしれませんが、長い目で見れば、
PEP 8のガイドラインを順守し続けるためのよい方法です。6.2節の「toxを使って仮想環境を管理する」
では、pep8 を tox と統合することで、これらのチェックを自動化する方法について説明します。

　ほとんどのオープンソースプロジェクトは、PEP 8 に準拠した状態を保つために自動チェックを使
用しています。これらの自動チェックをプロジェクトの開始当初から使用すれば、初心者を戸惑わせ
るかもしれませんが、プロジェクトのどの部分でもコードベースが常に同じに見えるようになります。
このことは、プロジェクトの規模を問わず非常に重要です。どのプロジェクトにも、たとえばホワイ
トスペースによる順序付けに関して異なる意見を持つ開発者がいるものです。あなたにも思い当たる
節があることでしょう。

　次に示すように、特定の種類のエラーや警告を無視するようにコードを設定することもできます。
これには、--ignore オプションを使用します※訳注4。

```
$ pep8 --ignore=E3 hello.py
$ echo $?
0
```

　こうすると、hello.py ファイルに含まれているコードの E3 エラーがすべて無視されるようになり
ます。--ignore オプションを指定することで、PEP 8仕様において従いたくない部分を実質的に無
視できます。既存のコードベースでpep8を実行している場合は、特定の種類の問題を無視することで、
問題を1種類ずつ修正していくことに専念できます。

> NOTE　Python 用の C コード（モジュールなど）を記述するときに従うべきコーディングスタイルは、PEP 7 標
> 準で定義されています。
> https://www.python.org/dev/peps/pep-0007/

---

※訳注4
pycodestyle を使用する場合のコマンドも同じであり、ここで試しているような単純な Python ファイルでは、出力もほぼ同じである。

## コーディングエラーをキャッチするツール

Python には、スタイルエラーではなく実際のコーディングエラーをチェックするツールもあります。次に示すのは、その代表的な例です[※監訳注5]。

- **Pyflakes**[※注6]
  プラグインによる拡張が可能。

- **Pylint**[※注7]
  デフォルトでコードエラーをチェックしながらPEP 8への準拠を確認する。プラグインによる拡張が可能。

これらのツールは、すべて静的解析を利用しています。つまり、コードを完全に実行するのではなく、コードの解析と分析を行うということです。

Pyflakes を使用することにした場合、Pyflakes だけでは PEP 8 への準拠を確認できないことに注意してください。コーディングエラーとスタイルエラーを両方ともチェックするには、さらに pep8 ツールも必要です。

この作業を単純にするために、Python には flake8[※注8] というプロジェクトがあります。flake8 は、pyflakes と pep8 を 1 つのコマンドにまとめたものです。また、flake8 には特別な新機能も追加されています。たとえば、`# noqa`[※訳注5] を含んでいる行のチェックを省略したり、プラグインで拡張したりできます。

flake8 には、すぐに使えるプラグインがいろいろ揃っています。たとえば、flake8-import-order をインストール（`pip install flake8-import-order` を実行）すると、flake8 が拡張され、ソースコード内の import 文がアルファベット順に並んでいるかどうかもチェックされるようになります。一部のプロジェクトでは、このチェックが必要です。

---

※監訳注5
ここに挙げられた2つの他に、最近になって Black（https://pypi.org/project/black/）というツールが注目を集めている。強制力が強いために馴染みにくい部分もあるが、Black を導入して自動フォーマットを行うことで強制力を持って同じフォーマットに統一できる。

※注6
https://launchpad.net/pyflakes/

※注7
https://pypi.org/project/pylint/

※注8
https://pypi.org/project/flake8/

※訳注5
その行がリンターにとって不適切なものであっても、開発者が意図的にそうしていることを示すために使用するコメント。

多くのオープンソースプロジェクトでは、コードスタイルの検証に flake8 がよく使用されています。大規模なオープンソースプロジェクトでは、エラーのチェックを追加するために flake8 用のプラグインを独自に作成することもあります。たとえば、except のおかしな使い方、Python 2/3 の移植性の問題、インポートスタイル、危険な文字列フォーマット、ローカライズの潜在的問題などがチェックされます。

新しいプロジェクトを開始する場合は、ぜひこれらのツールの1つを使ってコードの品質やスタイルを自動的にチェックしてください。コードの自動チェックを実装していないコードベースがすでに存在する場合は、あなたが選んだツールを実行するときに警告のほとんどを無効にし、問題を1種類ずつ修正していくとよいでしょう。

これらのツールの中にあなたのプロジェクトや好みに「ぴったり」のものが1つもなかったとしても、flake8 はコードの品質と耐久性を向上させる早道となるはずです。

> **NOTE**
>
> よく知られている GNU Emacs ※注9 や vim ※注10 を含め、多くのテキストエディタには pep8 や flake8 といったツールをコードバッファで直接実行できるプラグイン（Flycheck など）があり、PEP 8 に準拠していない部分のコードを対話形式で割り出すことができます。コードを書きながらほとんどのスタイルエラーを修正できるので便利です。

このツールセットの拡張については、正しいメソッド宣言を検証するためのカスタムプラグインと併せて、第9章で説明します。

---

※注9
http://www.gnu.org/software/emacs/

※注10
https://www.vim.org/

# 1.5　Joshua Harlow、Python について語る

　Joshua Harlow は Python 開発者です。2012 年から 2016 年まで Yahoo! で OpenStack チームのテクニカルリードの 1 人として活躍し、現在は GoDaddy に在籍しています。Joshua は `Taskflow`、`automaton`、`Zake` など、さまざまな Python ライブラリの作成者です。

**Python を使用するようになったきっかけは何ですか？**

　2004 年頃にニューヨークのポキプシー近郊の IBM でインターンをしていたときに（親戚や家族のほとんどはニューヨーク州北部の出身です）、Python 2.3 か 2.4 でプログラミングを始めました。そこで何をしていたのかはっきりとは覚えていないのですが、wxPython と、あるシステムを自動化するために彼らが取り組んでいた Python コードを手伝っていました。

　そのインターンシップを終えて大学に戻り、ロチェスター工科大学の大学院に進み、最終的に Yahoo! で働くことになりました。

　最終的に CTO チームに配属され、他の数名のメンバーとともに、どのオープンソースクラウドプラットフォームを使用するかについて検討する仕事を任されました。そうして、ほぼ Python で書かれている OpenStack[注11] にたどり着きました[注12]。

**Python 言語の好きなところと嫌いなところを教えてください。**

　これで全部ではありませんが、好きなところは次の点です。

- シンプルなところ。Python は、初心者にとってはハードルを下げ、経験を積んだ開発者にとっては使い続けたくなるほど、簡単である。
- スタイルチェック。自分が書いたコードを後から読むことは、ソフトウェア開発の大部分を占めている。`flake8`、`pep8`、Pylint といったツールを使って一貫性を保てるのは、とても助かる。
- プログラミングスタイルを選択し、それらを自由に組み合わせられるところ。

---

これも全部ではありませんが、嫌いなところは次の点です。

- Python 2からPython 3への移行にちょっと骨が折れること（この問題のほとんどはバージョン 3.6で解決されている）。
- ラムダ式が単純すぎるので、もっと高機能にしてもらいたい。
- まともなパッケージインストーラがないこと。現実的な依存関係解決ツールを開発するなど、 pip の手直しが必要に思える。
- グローバルインタープリタロック（GIL）※注13 とその必要性。これには心を痛めている。
- マルチスレッド機能のサポートが組み込まれていないこと。現時点では、明示的な asyncio モデルを追加する必要がある。
- Python コミュニティの分断化。主にCPython と PyPy（およびその他の実装）に分かれている。

**debtcollector（非推奨警告を管理する Python モジュール）に取り組まれていますが、新しいライブラリに着手するのはどうですか？**

先ほど述べたように、Python はシンプルなので、新しいライブラリを作成し、他の人が利用できるように公開するのはとても簡単です。そのコードのもとになったのは私が取り組んでいる他のライブラリの1つ（taskflow※注14）だったので、コードを移植して拡張するのは比較的簡単で、API がまずい設計になるのを心配する必要もありませんでした。他の（OpenStack コミュニティ内外の）人々がその必要性や用途を理解してくれたことをとてもうれしく思っており、他のライブラリ（さらにはアプリケーション？）に役立つ、より多くの非推奨パターンに対応するようになれば、と考えています。

**Python に欠けているものは何だと思いますか？**

Python はジャストインタイム（JIT）コンパイルのもとで、より性能を発揮できると考えています。最近新たに作成されたほとんどの言語（Rust、Chrome V8 JavaScript エンジンを使った Node.js など）は Python と同じ機能の多くを備えていますが、JIT でコンパイルされています。デフォルトのCPython を JIT でコンパイルできれば、Python がパフォーマンス面でもこうした最近の言語と張り合えるようになるのではないでしょうか。

---

※注13
GIL については第 11 章で取り上げる。

※注14
このプロジェクトへの貢献はいつでも歓迎する。今すぐ IRC を利用して自由にアクセスしてほしい。
irc://chat.freenode.net/openstack-state-management

Pythonには、しっかりとした並行性パターンも間違いなく必要です。低レベルのasyncioや
スレッドスタイルのパターンだけではなく、より大規模な環境でもアプリケーションを効率よ
く動作させるのに役立つ、より高いレベルの概念が必要です。Pythonライブラリのgolessには、
並行性モデルを組み込みで提供しているGoの概念の一部が移植されています。こうした高い
レベルのパターンが、標準ライブラリに組み込まれたファーストクラスパターンとして提供さ
れ、メンテナンスされる必要があると考えています。そうなれば、開発者が適切であると思う
場所で自由に使用できるようになります。こうしたものを持たないPythonが、それらを実際
に提供している他の言語に太刀打ちできるとは思えません。

また会うときまで、コードを書き続け、楽しみましょう！

# 第2章　モジュール、ライブラリ、フレームワーク

2

Pythonを拡張可能にするには、モジュールが不可欠です。モジュールがなければ、Pythonはモノリシックなインタープリタを中心に構築された言語でしかなく、開発者が拡張機能を組み合わせるだけでアプリケーションをすばやく簡単に構築できる巨大なエコシステムで頭角を現すことはなかったでしょう。本章では、開発者が知っておかなければならない組み込みモジュールから、外部で管理されるフレームワークまで、Pythonモジュールの優れた特徴をいくつか紹介します。

# 2.1 インポートシステム

　プログラムでモジュールやライブラリを使用するには、import キーワードを使ってそれらをインポートする必要があります。例として、リスト 2-1 では、何をおいても重要な「The Zen of Python」のガイドラインをインポートしています。

●リスト 2-1：The Zen of Python

```
>>> import this
The Zen of Python, by Tim Peters

Beautiful is better than ugly.
Explicit is better than implicit.
Simple is better than complex.
Complex is better than complicated.
Flat is better than nested.
Sparse is better than dense.
Readability counts.
Special cases aren't special enough to break the rules.
Although practicality beats purity.
Errors should never pass silently.
Unless explicitly silenced.
In the face of ambiguity, refuse the temptation to guess.
There should be one-- and preferably only one --obvious way to do it.
Although that way may not be obvious at first unless you're Dutch.
Now is better than never.
Although never is often better than *right* now.
If the implementation is hard to explain, it's a bad idea.
If the implementation is easy to explain, it may be a good idea.
Namespaces are one honking great idea -- let's do more of those!
```

　インポートシステムはとても複雑なので、すでに基礎を理解しているものと仮定して、このシステムの仕組みの一部を見てもらうことにします。ここでは、sys モジュールの仕組み、インポートパスを変更または追加する方法、カスタムインポータの使い方などを取り上げます。

まず、import キーワードが実際には \_\_import\_\_ という関数のラッパーであることを知っておく必要があります。次に示すのは、モジュールをインポートするおなじみの方法です。

```
>>> import itertools
>>> itertools
<module 'itertools' (built-in)>
```

これは、次の方法とまったく同じ意味になります。

```
>>> itertools = __import__("itertools")
>>> itertools
<module 'itertools' (built-in)>
```

　また、これらの 2 つのインポート方法はまったく同じ意味を持つため、import の as キーワードも同じように実装できます。as キーワードを使う方法は、次のようになります。

```
>>> import itertools as it
>>> it
<module 'itertools' (built-in)>
```

\_\_import\_\_ を使うと、次のようになります。

```
>>> it = __import__("itertools")
>>> it
<module 'itertools' (built-in)>
```

import は Python のキーワードですが、内部では、__import__ という名前を通じてアクセスできる単純な関数です。__import__ は、知っておくと非常に便利な関数です。場合によっては（滅多にないことですが）、インポートしたいモジュールの名前が事前にわからないことがあるかもしれません。

```
>>> random = __import__("RANDOM".lower())
>>> random
<module 'random' from '/usr/.../'>
```

忘れてはならないのは、モジュールがインポートされた後は、基本的にはオブジェクトになるということです。このオブジェクトの属性（クラス、関数、変数など）もオブジェクトです。

## sys モジュール

sys モジュールを利用すれば、Python 自体に関連する変数や関数にアクセスできるだけではなく、Python を実行しているオペレーティングシステム（OS）の変数や関数にもアクセスできます。このモジュールには、Python のインポートシステムに関する情報もいろいろ含まれています。

まず、現在インポートされているモジュールのリストを取得するには、sys.modules 変数を使用します。sys.modules 変数はディクショナリ（辞書）であり、調べたいモジュールの名前をこのディクショナリのキーとして指定すると、値としてモジュールオブジェクトが返されます。たとえば、os モジュールがインポートされた後は、このモジュールを次のようにして取得できます。

```
>>> import sys
>>> import os
>>> sys.modules['os']
<module 'os' from '/usr/lib/.../os.py'>
```

sys.modules 変数は、読み込まれているモジュールをすべて含んでいる標準的な Python ディクショナリです。たとえば、sys.modules.keys() を呼び出すと、読み込まれているモジュールの名前からなるリスト全体が返されます。

また、`sys.builtin_module_names` 変数を使って組み込みのモジュールのリストを取得することもできます。なお、インタープリタにコンパイルされている組み込みモジュールは、Python のビルドシステムに渡されたコンパイルオプションに応じて異なることがあります。

## インポートパス

モジュールをインポートする際、Python はモジュールをどこで探せばよいかを知るためにパスのリストを使用します。このリストは `sys.path` 変数に含まれています。インタープリタがモジュールを検索するためのパスを確認したい場合は、`sys.path` と入力するだけです。

このリストは変更することが可能であり、必要に応じてパスを追加または削除できます。さらに、`PYTHONPATH` 環境変数を書き換えれば、Python コードを 1 行も書かずにパスを追加することもできます。テスト環境など、標準以外の場所に Python モジュールをインストールしたい場合は、`sys.path`

変数にパスを追加すると便利かもしれません。ただし、通常の操作では、`sys.path` 変数を変更する必要はないはずです。次の 2 つのアプローチは、ほぼ同じ意味になります。「ほぼ同じ」というのは、そのパスがリスト内の同じレベルに配置されないからです。この違いが問題になるかどうかは、使用

する状況によります。

```
>>> import sys
>>> sys.path.append('/foo/bar')
```

これは、次のアプローチと（ほぼ）同じです。

```
$ PYTHONPATH=/foo/bar python
>>> import sys
>>> '/foo/bar' in sys.path
True
```

パスのリストはリクエストされたモジュールを見つけ出すために反復処理されるため、`sys.path` でのパスの順序が重要であることに注意してください。検索時間を短縮するために、インポートしているモジュールが含まれている可能性が高いパスは、リストの前のほうに配置するとよいでしょう。

こうすると、同じ名前のモジュールが2つある場合に、最初にマッチしたほうがインポートされるようになります※監訳注1。

　この最後の特性は特に重要です。というのも、Pythonの組み込みモジュールがカスタムモジュールによってシャドーイングされてしまうことがよくあるからです。現在のディレクトリはPythonの標準ライブラリのディレクトリよりも先に検索されます。つまり、現在のディレクトリにあるスクリプトの1つにrandom.pyという名前を付け、import randomを実行しようとした場合、Pythonモジュールではなく、現在のディレクトリにあるファイルがインポートされるということです。

## カスタムインポート

　カスタムインポータを使ってインポートメカニズムを拡張することもできます。Lisp-Python方言である **Hy** は、このようにして標準の .py または .pyc 以外のファイルのインポート方法をPythonに知らせます※注1。

　この手法は**インポートフックメカニズム**（import hook mechanism）と呼ばれるもので、PEP 302※注2で定義されています。標準のインポートメカニズムを拡張してPythonによるモジュールのインポート方法を変更したり、独自のインポートシステムを構築したりできます。たとえば、ネットワーク経由でデータベースからモジュールをインポートしたり、モジュールをインポートする前に健全性チェックを実施したりといった拡張機能を記述することも可能です。

　Pythonには、インポートシステムの幅を広げる方法が2つあります。これらは別々の方法ですが、関連性はあります。1つはsys.meta_pathで使用するためのメタパスファインダで、もう1つはsys.path_hooksで使用するためのパスエントリファインダです。

## メタパスファインダ

　**メタパスファインダ**（meta path finder）は、標準の .py ファイルに加えて、カスタムオブジェクトを読み込めるようにするオブジェクトです。メタパスファインダオブジェクトは、ローダーオブジェクトを返すfind_module(fullname, path=None)メソッドを定義していなければなりませ

---

※監訳注1
前者の sys.path.append を使った方法では、リストの最後に追加される。後者の PYTHONPATH 環境変数を使った方法では、現在のディレクトリのすぐ後、つまり先頭に追加される。これにより、モジュールの検索順番が異なり、同じ名前のモジュールがあると動きが変わる。

※注1
Hy は Python で書かれた Lisp 実装であり、後ほど 9.3 節で改めて説明する。

※注2
https://www.python.org/dev/peps/pep-0302/

ん。また、ローダーオブジェクトにも、ソースファイルからモジュールを読み込むための load_
module(fullname) メソッドが定義されていなければなりません。

リスト 2-2 は、Hy が .py ではなく .hy で終わるソースファイルを Python にインポートさせるため
に、カスタムメタパスファインダをどのように使用するのかを示しています。

●リスト 2-2：Hy のモジュールインポータ

```python
class MetaImporter(object):
    def find_on_path(self, fullname):
        fls = ["%s/__init__.hy", "%s.hy"]
        dirpath = "/".join(fullname.split("."))

        for pth in sys.path:
            pth = os.path.abspath(pth)
            for fp in fls:
                composed_path = fp % ("%s/%s" % (pth, dirpath))
                if os.path.exists(composed_path):
                    return composed_path

    def find_module(self, fullname, path=None):
        path = self.find_on_path(fullname)
        if path:
            return MetaLoader(path)

sys.meta_path.append(MetaImporter())
```

指定されたパスが有効で、モジュールを指していることを Python が確認すると、MetaLoader オブ
ジェクトが返されます（リスト 2-3）。

●リスト 2-3：Hy のモジュールローダオブジェクト

```python
class MetaLoader(object):
    def __init__(self, path):
        self.path = path

    def is_package(self, fullname):
        dirpath = "/".join(fullname.split("."))
```

```
            for pth in sys.path:
                pth = os.path.abspath(pth)
                composed_path = "%s/%s/__init__.hy" % (pth, dirpath)
                if os.path.exists(composed_path):
                    return True
            return False

        def load_module(self, fullname):
            if fullname in sys.modules:
                return sys.modules[fullname]

            if not self.path:
                return

            sys.modules[fullname] = None
❶          mod = import_file_to_module(fullname, self.path)

            ispkg = self.is_package(fullname)

            mod.__file__ = self.path
            mod.__loader__ = self
            mod.__name__ = fullname

            if ispkg:
                mod.__path__ = []
                mod.__package__ = fullname
            else:
                mod.__package__ = fullname.rpartition('.')[0]

            sys.modules[fullname] = mod
            return mod
```

　❶の行を見てください。import_file_to_moduleが.hyソースファイルを読み取り、Pythonコードに
コンパイルし、Pythonモジュールオブジェクトを返すことがわかります。

　このローダーはかなり単純です。.hyファイルが見つかった場合は、このローダーに渡され、ロー
ダーが渡されたファイルを必要に応じてコンパイルし、登録し、何らかの属性を設定した後、Python
インタープリタに返します。

　この機能の実際の動作はuprefixモジュールでも確認できます。Python 3.0 〜 3.2 では、Python 2
の機能であるUnicode文字を表すuプレフィックスがサポートされていませんでした。uprefix

モジュールは、コンパイルの前に文字列から u プレフィックスを取り除くことで、Python 2 と Python 3 で問題なく動作することを保証します。

## 2.2　便利な標準ライブラリ

　Python には、ほぼ思い付く限りの目的に使用できるツールや機能が詰め込まれた巨大な標準ライブラリがあります。基本的なタスクを実行するために自前の関数を書くことが当たり前になっている人が Python を使い始めると、言語そのものに非常に多くの機能が組み込まれていて、すぐに利用できる状態であることを知って、たいてい驚くことになります。

　単純なタスクを処理するために関数を書きそうになった場合は、いったん立ち止まって、標準ライブラリを調べてみてください。むしろ、Python を実際に使用する前に少なくとも 1 回は標準ライブラリにざっと目を通して、次に関数が必要になったときに、その機能が標準ライブラリにすでに存在するかどうかがわかるようにしておいてください。

　`functools` や `itertools` などのモジュールについてはこの後の章で取り上げますが、間違いなく役立つ標準モジュールをいくつか挙げておきます。

- **`atexit`**：プログラムの終了時に呼び出す関数を登録できる。
- **`argparse`**：コマンドライン引数を解析するための関数を提供する。
- **`bisect`**：リストをソートするための二分法アルゴリズムを提供する（10 章を参照）。
- **`calendar`**：日付関連のさまざまな関数を提供する。
- **`codecs`**：データのエンコーディングとデコーディングに関する関数を提供する。
- **`collections`**：さまざまな便利なデータ構造を提供する。
- **`copy`**：データをコピーするための関数を提供する。
- **`csv`**：CSV ファイルを読み書きするための関数を提供する。
- **`datetime`**：日付と時刻を処理するためのクラスを提供する。
- **`fnmatch`**：Unix スタイルのファイル名のパターンマッチングに関する関数を提供する。

- **concurrent**：非同期計算を実現する（Python 3では組み込み、Python 2ではPyPIを通じて利用可能）。

- **glob**：Unix スタイルのパスのパターンマッチングに関する関数を提供する。

- **io**：I/O ストリームを処理するための関数を提供する。Python 3には、文字列をファイルとして扱うことができるStringIOも含まれている（Python 2では同名のモジュールに含まれている）。

- **json**：JSON フォーマットのデータを読み書きするための関数を提供する。

- **logging**：Python に組み込まれているロギング機能へのアクセスを提供する。

- **multiprocessing**：アプリケーションから複数のサブプロセスを実行できるようにし、それらをスレッドのように扱うことができる API を提供する。

- **operator**：Python の基本的な演算子を実装する関数を提供する。これらの演算子を利用すれば、ラムダ式を独自に記述せずに済む（第10章を参照）。

- **os**：OS の基本的な関数へのアクセスを提供する。

- **random**：擬似乱数を生成するための関数を提供する。

- **re**：正規表現機能を提供する。

- **sched**：マルチスレッドを使用しないイベントスケジューラを提供する。

- **select**：イベントループを作成するための select 関数と poll 関数へのアクセスを提供する。

- **shutil**：高水準のファイル関数へのアクセスを提供する。

- **signal**：POSIX シグナルを処理するための関数を提供する。

- **tempfile**：一時的なファイルやディレクトリを作成するための関数を提供する。

- **threading**：高水準のスレッディング機能へのアクセスを提供する。

- **urllib**（およびPython 2.x の **urllib2** と **urlparse**）：URL を処理および解析するための関数を提供する。

- **uuid**：UUID (Universally Unique Identifier) を生成できるようにする。

このリストを、便利なライブラリモジュールの機能をすばやく確認するためのクイックリファレンスとして活用してください。一部でもよいので、このリストを暗記するに越したことはありません。ライブラリモジュールを調べるのに費やす時間が短くなればなるほど、実際に必要なコードを書くために費やせる時間が増えることになります。

標準ライブラリのほとんどは Python で書かれているため、モジュールや関数のソースコードを調べてみるという手もあります。わからない点があれば、コードを開いて何をしているのかを調べてみてください。あなたが知っておかなければならないことが何もかもドキュメントに記載されていたとしても、何かためになることを学べるチャンスは常にあります。

# 2.3　外部ライブラリ

Python には「バッテリー同梱」の哲学があります。つまり、一度インストールすれば必要なものがすべて揃い、何でも自由に構築できるようになるということです。せっかくのすてきな贈り物に、肝心の電池を入れ忘れたなんてことはありませんか。この哲学は、それと同じ状況がプログラミングで起きないようにするためのものです。

残念ながら、Python を作成している人々があなたの作成したいものを「すべて」予測するというのは、どう考えても無理な話です。仮に、それが可能だったとしても、ほとんどの人は何ギガバイトもあるファイルをダウンロードしたいとは思わないでしょう。ファイルの名前を変更するための簡単なスクリプトが作成したいだけだったとしたら、なおさらです。このため、幅広い機能を備えているとはいえ、Python の標準ライブラリは何もかもカバーするわけではありません。ありがたいことに、Python コミュニティのメンバーによって外部ライブラリが作成されています。

Python の標準ライブラリは、地図に載っている安全な領域です —— 各モジュールは十分に文書化されており、大勢の人々が定期的に使用しているため、「試してみたら、どうにも動かない」なんてことはないという安心感が得られます。そして、実際に動かないというレアなケースでは、すぐに誰かが修正してくれるはずです。これに対し、外部ライブラリは地図上に「ドラゴン出没注意」と記されている部分です —— ドキュメントは十分ではないかもしれず、機能にバグが含まれているかもしれず、更新は散発的であるか、まったく行われないかもしれません。重大なプロジェクトに外部ライブラリでしか提供できない機能が必要になることもありますが、外部ライブラリを使用することのリスクを意識しておく必要があります。

外部ライブラリの危険性に関する実話があります。OpenStack は Python 用のデータベースツールキットである SQLAlchemy[注3] を使用しています。SQL をよく知っている人は、データベーススキー

※注3
https://www.sqlalchemy.org/

マが徐々に変化していく可能性があることを心得ているでしょう。そこで、OpenStack もスキーマの移行のニーズに対処するために sqlalchemy-migrate[※注4] を利用しており、それでうまくいっていたのですが、ある時点でうまくいかなくなってしまいました。バグがどんどん積み上がっていきましたが、何の手立ても講じられなかったのです。このとき、OpenStack は Python 3 のサポートにも関心を持っていましたが、sqlalchemy-migrate が Python 3 のサポートに動く気配はありませんでした。こうなっては、sqlalchemy-migrate が事実上、私たちのニーズを満たさなくなったことは明らかで、何か他のものに乗り換える必要がありました。私たちのニーズは、この外部ライブラリの能力を超えてしまっていたのです。本書の執筆時点では、OpenStack プロジェクトは、代わりに Alembic[※注5] を使用すべく移行作業を行っています。Alembic は Python 3 をサポートする新しい SQL データベース移行ツールです。ある程度の作業は避けられませんが、幸いにも、それほど大変な作業ではありません。

## 外部ライブラリの安全性チェックリスト

　以上のことから、ある重要な疑問が浮かびます。こういった外部ライブラリの罠にはまらないようにするには、どうすればよいのかということです。残念ながら、それを避けることはできません。プログラマーも人間であり、今は手厚くメンテナンスされているライブラリが、数か月後もよい状態を保っているかどうかを確実に知る手立てはないからです。ただし、リスクを冒してでも、そうしたライブラリを使用する価値があるかもしれません。とにかく重要なのは、自分が置かれている状況を見きわめることです。OpenStack では、ある外部ライブラリを使用するかどうかを決めるときに次のようなチェックリストを使用しているので、ぜひ参考にしてください。

### Python 3 との互換性

　現時点では Python 3 をターゲットにしていない場合でも、いずれそうなる可能性は十分にあります。このため、選択したライブラリがすでに Python 3 互換であり、その状態を保つことが表明されているのを確認しておくとよいでしょう。

---

※注4
https://opendev.org/x/sqlalchemy-migrate

※注5
https://pypi.org/project/alembic/

### 活発な開発

通常、GitHub[注6] と Black Duck Open HUB[注7] では、特定のライブラリの開発がそのメンテナーによって精力的に進められているかどうかを判断するのに十分な情報が提供されます。

### 活発なメンテナンス

ライブラリが完成している（機能の実装が完了している）と見なされる場合でも、メンテナーはそのライブラリをバグのない状態に保たなければなりません。プロジェクトのトラッキングシステムをチェックして、メンテナーがバグにどれくらいすばやく対応しているのかを確認してください。

### OS ディストリビューションへのバンドル

ライブラリが主要な Linux ディストリビューションと同じパッケージに同梱されている場合は、他のプロジェクトがそのライブラリに依存していることを意味します。したがって、何か問題が起きた場合、苦情を訴えるのはあなただけではないということになります。また、ソフトウェアを一般に公開する予定である場合も、このことをチェックしておくとよいでしょう。そのコードが依存しているパッケージがエンドユーザーのマシンにすでにインストールされている場合は、ソフトウェアを配布しやすくなります。

### API の互換性の保証

ソフトウェアが依存しているライブラリの API が完全に変わってしまったためにソフトウェアが突然動かなくなるといったことほど、嫌なことはありません。選択したライブラリで、過去にこのようなことが起きていないかどうかをチェックしたほうがよいかもしれません。

### ライセンス

ライセンスで確認する必要があるのは、次の2点です。1つ目は、作成予定のソフトウェアとの互換性がそのライブラリにあることです。2つ目は、配布、変更、実行に関して、そのソフトウェアのコードで行う予定のことがすべて許可されているかどうかです。

---

※注6
https://github.co.jp/

※注7
https://www.openhub.net/
もともとは Ohloh という名前だったが、2014 年に Black Duck Open HUB に変更された。

　このチェックリストを依存ライブラリに適用するのもよい考えですが、かなり大変な作業になることが予想されます。妥協案として、アプリケーションが特定のライブラリに大きく依存することがわかっている場合に、ライブラリの依存関係ごとにこのチェックリストを適用するとよいでしょう。

## API ラッパーを使ってコードを保護する

　どのライブラリを使用することになったとしても、それらのライブラリを「便利ではあるものの大損害をもたらしかねないデバイス」として扱う必要があります。安全のために、ライブラリは物理的なツールと同じように扱うべきです。つまり、壊れやすい大事なものから離してツール箱に保管しておき、実際に必要になったときに取り出せるようにしておくということです。

　外部ライブラリがどれだけ便利であろうと、実際のソースコードに手出しすることがないように注意してください。そうしないと、何か問題が起きてライブラリを差し替える必要が生じた場合に、プログラムを広い範囲にわたって書き換えるはめになるかもしれません。それよりもよいのは、API を独自に記述することです。つまり、外部ライブラリをカプセル化し、ソースコードから切り離しておくためのラッパーを作成するということです。このようにすると、どの外部ライブラリを使用しているのかをプログラムが把握している必要はなくなり、カスタム API が提供する機能だけを知っていればよくなります。そして、別のライブラリを使用しなければならなくなった場合は、ラッパーを変更するだけで済みます。新しいライブラリが同じ機能を提供する限り、コードベースの他の部分に触れる必要はまったくありません。例外はあるかもしれませんが、それほど多くないはずです。ほとんどのライブラリはごく限られた範囲の問題を解決するように設計されており、簡単に分離できるはずです。

　第 5 章では、エントリポイントを使ってドライバシステムを構築する方法も紹介します。このようにすると、プロジェクトの一部をモジュールとして扱い、必要に応じて切り替えることができます。

# 2.4　パッケージのインストール：pip をさらに活用する

　pip プロジェクトは、パッケージや外部ライブラリのインストールに対処するための非常にシンプルな手段を提供します。このプロジェクトの開発は精力的に進められていて、よくメンテナンスされており、そして Python のバージョン 3.4 以降に含まれています。パッケージのインストールまたはアンインストールは **PyPI**（Python Packaging Index）、tarball、または wheel アーカイブから行うことができます[※注8]。

　pip の使い方は、次のように簡単です。

```
$ pip install --user voluptuous
Collecting voluptuous
  Downloading https://files.pythonhosted.org/packages/24/3b/fe531688c0d9e057fccc0bc9430c0a3d4
b90e0d2f015326e659c2944e328/voluptuous-0.11.7.tar.gz
Installing collected packages: voluptuous
    Running setup.py install for voluptuous ... done
Successfully installed voluptuous-0.11.7
```

　PyPI のディストリビューションインデックス[※注9] を調べれば、pip install でどのパッケージでもインストールできます。PyPI は、他のユーザーが配布したりインストールしたりするためのパッケージを誰でもアップロードできるリポジトリです。

　また、pip に --user オプションを指定すると、パッケージをホームディレクトリにインストールできます。パッケージをシステムレベルでインストールすると OS のディレクトリが汚染されてしまいますが、このようにすることでそうした汚染を回避できます。

　すでにインストールされているパッケージを一覧で表示するには、pip freeze コマンドを使用します。

---

※注8
パッケージのインストールとアンインストールについては第5章を参照。

※注9
https://pypi.org/

```
$ pip freeze
Babel==2.7.0
commando=1.0.0
Jinja2==2.10.3
...
```

　パッケージのアンインストールも pip によってサポートされており、uninstall コマンドを使用します。

```
$ pip uninstall pika-pool
Uninstalling pika-pool-0.1.3:
  Would remove:
    /usr/local/lib/python3.8/site-packages/pika_pool-0.1.3-py3.8.egg-info
    /usr/local/lib/python3.8/site-packages/pika_pool.py
Proceed (y/n)?
  Successfully uninstalled pika-pool-0.1.3
```

　pip の非常に有益な機能の1つは、パッケージのファイルをコピーせずにパッケージをインストールできることです。一般的には、あるパッケージに精力的に取り組んでいて、変更内容のテストが必要になるたびに時間のかかる退屈な再インストールプロセスを実行したくない場合に使用されます。この機能を有効にするには、-e <ディレクトリ> フラグを使用します。

```
$ pip install -e .
Obtaining file:///Users/jd/Source/daiquiri
Installing collected packages: daiquiri
  Running setup.py develop for daiquiri
Successfully installed daiquiri
```

　この場合、pip はローカルソースディレクトリからファイルをコピーせず、egg-link という特別なファイルをディストリビューションパスに配置します。

```
$ cat /usr/local/lib/python3.8/site-packages/daiquiri.egg-link
/Users/jd/Source/daiquiri
.
```

egg-link ファイルには、パッケージを探すために sys.path に追加するパスが含まれています。次のコマンドを実行すると、結果を簡単に確認できます。

```
$ python -c "import sys; print('/Users/jd/Source/daiquiri' in sys.path)"
True
```

pip install の -e も便利なオプションであり、さまざまなバージョン管理システムのリポジトリからコードをデプロイするのに役立ちます。Git、Mercurial、Subversion、さらには Bazaar もサポートされています。たとえば、-e オプションに続いてアドレスを URL で指定すると、どのライブラリでも Git リポジトリから直接インストールできます。

```
$ pip install -e git+https://github.com/jd/daiquiri.git\#egg=daiquiri
Obtaining daiquiri from git+https://github.com/jd/daiquiri.git#egg=daiquiri
  Cloning https://github.com/jd/daiquiri.git to ./src/daiquiri
  Running command git clone -q https://github.com/jd/daiquiri.git /Users/jd/src/daiquiri
Installing collected packages: daiquiri
  Running setup.py develop for daiquiri
Successfully installed daiquiri
```

インストールを正しく行うには、URL の最後に #egg= を追加することで、パッケージの egg 名を指定する必要があります。そうすると、pip が git clone を使って src/<egg 名> 内のリポジトリのクローンを作成し、そのクローンディレクトリを指す egg-link ファイルを作成します。

このメカニズムが非常に役立つのは、ライブラリの未リリースのバージョンに依存しているか、あるいは継続的テストシステムで作業を行っている場合です。ただし、バージョン管理に対応しないという点で、-e オプションは非常にやっかいな存在にもなり得ます。このリモートリポジトリの次のコミットによって何もかもぶち壊しにならないとも限りません。

　最後に、`pip` は最も優先されるインストールツールであり、他のインストールツールはすべて非推奨となっています。このため、パッケージ管理のあらゆるニーズに対する総合窓口として自信を持って使用してください。

# 2.5　フレームワークの使用と選択

　Python には、さまざまな種類の Python アプリケーションで利用できるさまざまなフレームワークがあります。たとえば、Web アプリケーションを作成している場合は、Django、Pylons、TurboGears、Tornado、Zope、Plone、Flask[※注10] などを使用できます。イベント駆動型フレームワークを探している場合は、Twisted または Circuits[※注11] を使用できます[※監訳注2]。

　フレームワークと外部ライブラリの主な違いは、アプリケーションがフレームワークを構築のベースとして使用することにあります。つまり、アプリケーションのコードでフレームワークを拡張することはできますが、フレームワークのコードでアプリケーションを拡張することはできないということです。ライブラリが基本的にコードにパンチを利かせるためのアドオンであるのに対し、フレームワークはコードを支える**シャーシ**となります。要するに、あなたが行うことはすべて何らかの方法でそのシャーシの上に組み込まれるわけです。場合によっては、これは諸刃の剣になるかもしれません。プロトタイプ作成や開発の迅速化など、フレームワークを使用する利点はいろいろありますが、「ロックイン」といった特筆すべき欠点もあります。フレームワークを使用するかどうかを判断する際には、こうした事柄を考慮に入れる必要があります。

---

※注 10
https://www.djangoproject.com/
https://pylonsproject.org/
https://turbogears.org/
http://www.tornadoweb.org/
https://www.zope.org/
https://plone.org/
https://flask.palletsprojects.com/

※注 11
https://twistedmatrix.com/
https://bitbucket.org/prologic/circuits/

※監訳注 2
原著の記述が少し古い情報になっている。Python には多くの Web フレームワークが存在し、日々進化を続けている。監訳者が 2019 年 9 月に PyCon JP で発表した資料も参照のこと。
「Python Web フレームワーク比較」https://speakerdeck.com/terapyon/python-webhuremuwakubi-jiao

Python アプリケーションに適したフレームワークを選択するにあたってぜひチェックしておきたい点は、2.3 節の「外部ライブラリの安全性チェックリスト」で説明したものとほぼ同様です。フレームワークが Python ライブラリのバンドルとして配付されることを考えれば、それも当然のことです。フレームワークによっては、アプリケーションの作成・実行・デプロイのためのツールも含まれていることがありますが、だからといって適用すべき基準が変わるわけではありません。外部ライブラリを利用するコードをすでに書いてしまった後にそのライブラリを置き換えることが面倒なのは確かですが、フレームワークの置き換えはその何倍も面倒であり、通常はプログラムを一から完全に書き直す必要があります。

たとえば、先ほど挙げた Twisted フレームワークは、Python 3 をまだ完全にはサポートしていません[※監訳注3]。Twisted を使って数年前に書いたプログラムを更新し、Python 3 で動作するようにしたくても、残念ながらそうはいきません。別のフレームワークを使用するようにプログラム全体を書き換えるか、誰かがそのうち Twisted をアップグレードして、Python 3 を完全にサポートする作業に取りかかるのを待つしかないでしょう。

フレームワークの中には、他のフレームワークよりもコンパクトなものがあります。たとえば、Django には ORM (Object Relational Mapping) 機能が組み込まれていますが、Flask にはそうした類いのものはありません。フレームワークが自動的に行うことが少なければ少ないほど、将来的に問題が起きにくくなります。ただし、フレームワークに欠けている機能もそれはそれで問題であり、コードを独自に記述するか、その問題に対処する別のライブラリを選択することによって解決しなければなりません。どちらの方法をとるかはあなた次第ですが、賢い選択をしてください。何かがうまくいかなくなったときにフレームワークから移行するのは、この上なく困難なことです。他にどのような機能があるにせよ、このことに関して助けになるような機能は Python にはありません。

2章
3章
4章
5章
6章
7章
8章
9章
10章
11章
12章
13章

---

※監訳注3
現行バージョンでは、Python 3 に対応している。

# 2.6　Doug Hellmann、Python ライブラリについて語る

　Doug Hellmann は DreamHost のシニア開発者であり、OpenStack プロジェクトのフェローコント
リビューターです。Doug は「Python Module of the Week」という Web サイト[注12] を立ち上げてお
り、『The Python Standard Library by Example』[注13] というすばらしい本を執筆しています。また、
Doug は Python コア開発者でもあります。ここでは、標準ライブラリと、それを中心とするライブ
ラリやアプリケーションの設計について話を聞きました。

**Python アプリケーションを一から書き始めるとき、最初に何をしますか？**

　アプリケーションを一から記述するときの大まかな手順は、既存のアプリケーションをハック
するときと似ていますが、細かい部分が違います。

　既存のコードを変更するときは、最初にその仕組みを理解し、どこを変更する必要があるのか
を突き止めます。デバッグの手法を用いることもあります。つまり、ログや print 文を追加し
たり、pdb を使用したり、アプリケーションをテストデータで実行してその動作を確認したり
します。通常は、変更とテストを手作業で行った後、自動テストを追加してからパッチをコン
トリビュートしています。

　新しいアプリケーションを作成するときのアプローチも同じように探索的です。コードの作成
と実行を手作業で行った後、基本的な機能が正常に動作するようになった時点で、エッジケー
スがすべてカバーされていることを確認するテストを作成します。これらのテストを作成した
後、コードを扱いやすくするためにリファクタリングを行うこともあります。

　smiley[注14] のときが、まさにそうでした。まず、実際のアプリケーションの構築に取りかかる
前に、使い捨てのスクリプトを使って Python のトレース API を試してみました。当初の計画
では、別の実行中のアプリケーションのデータを計測して収集するために 1 つ、そしてネット
ワーク経由で送信されてきたデータを収集して保存するためにもう 1 つ作成する予定でした。

---

それが、レポート機能をいくつか追加しているときに、収集したデータを再生するプロセスが、最初にそのデータを収集するプロセスとほぼ同じであることに気付いたのです。いくつかのクラスをリファクタリングし、データ収集、データベースアクセス、レポート生成システムのためのベースクラスを作成することができました。それらのクラスを同じ API に準拠させることで、情報をネットワーク経由で送信する代わりにデータベースに直接書き込むデータ収集アプリケーションを簡単に作成できました。

アプリケーションを設計するときには、ユーザーインターフェイスがどのように動作するかについて考えますが、ライブラリの場合は、開発者がその API をどのように使用するかに焦点を合わせます。また、新しいライブラリを使用するプログラムのテストを先に作成してから、ライブラリのコードを記述するほうが簡単なこともあります。通常は、一連のサンプルプログラムをテストとして作成してから、そのように動作するライブラリを構築することにしています。また、コードを書く前にライブラリのドキュメントを書くと、実装上の詳細に深入りする前に、機能やワークフローについてじっくり考えるのに役立つこともわかりました。そのようにすると設計時に選択したことを記録しておけるので、読み手はライブラリの使い方だけではなく、ライブラリの作成時に私が何を期待していたのかも理解できるようになります。

**モジュールを Python の標準ライブラリに追加する手順を教えてください。**

モジュールを標準ライブラリに追加するための全工程とガイドラインは、Python Developer's Guide ※注15 で公開されています。

モジュールを追加するには、そのモジュールが安定していて、広く役立つものであることを提出者が証明する必要があります。そのモジュールは、自分で正確に実装するのが難しいか、多くの開発者が独自のバージョンを作成しているほど有益な何かを提供するものでなければなりません。そのモジュールの API は明確でなければならず、モジュールの依存関係はすべて標準ライブラリに含まれているものでなければなりません。

最初のステップは、**python-ideas** リストを通じて、そのモジュールを標準ライブラリに追加するというアイデアをコミュニティに提案し、関心の度合いを非公式に評価することです。肯定的な反応だったと仮定して、次のステップは PEP (Python Enhancement Proposal) を作成することです。PEP には、そのモジュールを追加する動機と、移行がどのように行われるのかを説明する実装上の詳細が含まれていなければなりません。

パッケージ管理ツールとパッケージ検出ツール、特に pip と PyPI の信頼性が非常に高まって

※注15
https://devguide.python.org/stdlibchanges/

いることを考えると、新しいライブラリは標準ライブラリの外で管理するほうが現実的かもしれません。独立したリリースにすれば、新しい機能やバグフィックスに基づく更新をより頻繁に行うことができます。新しい技術や API に対処するライブラリにとって、この点は特に重要かもしれません。

**標準ライブラリのモジュールのうち、もっとよく知られるようになればよいのにと考えているものを 3 つ挙げてください。**

標準ライブラリで特に便利なツールの 1 つは abc モジュールです。個人的には、動的に読み込まれる拡張用の API を抽象基底クラスとして定義するために abc モジュールを使用しています。このようにすると、API のどのメソッドが必須で、どのメソッドがオプションであるのかを拡張の作成者が理解できるようになります。他のオブジェクト指向プログラミング（OOP）言語には抽象基底クラスが組み込まれていますが、Python にもあることを多くの Python プログラマーが知らないということに気付いたのです。

bisect モジュールの二分探索は、便利ではあるものの、間違って実装されがちな機能のよい例であり、まさに標準ライブラリにうってつけです。データに検索値が含まれていない可能性がある疎な配列を検索できる点が特に気に入っています。

collections モジュールには、もっと活用されてもよい便利なデータ構造がいくつか含まれています。個人的には、小さなクラスのようなデータ構造を作成するために namedtuple をよく使用しています。つまり、データを保持する必要があるものの、関連するロジックがまったくないようなデータ構造です。namedtuple の属性には名前でアクセスできるため、後からロジックを追加する必要が生じたとしても、namedtuple から通常のクラスに非常に簡単に変換できます。また、ChainMap も collections モジュールの興味深いデータ構造の 1 つであり、積み重ねることが可能な名前空間を作成します。ChainMap は、優先順位が明確に定義されたさまざまなソースからテンプレートをレンダリングしたり、構成情報を管理したりするためのコンテキストの作成に使用できます。

**OpenStack や外部ライブラリを含めて、多くのプロジェクトが日付や時刻などを処理するための抽象化の層を標準ライブラリの上に追加しています。プログラマーは標準ライブラリにこだわるべきでしょうか。それとも、カスタム関数を作成したり、外部ライブラリに切り替えたり、Python にパッチを送ったりすべきでしょうか。この点について意見を聞かせてください。**

全部ですね。私は無駄な作業はなるべく避けたいので、依存関係として使用される可能性があるプロジェクトにフィックスや拡張で貢献することについては大いに賛成です。一方で、さら

に別の抽象層を作成し、そのコードをアプリケーション内で、あるいは新しいライブラリとして別個に管理するほうがよい場合もあります。

質問にあった timeutils モジュールは、Python の datetime モジュールに対する非常に薄いラッパーです。関数のほとんどは短く単純なものですが、最もよく使用される操作をモジュールにまとめれば、すべてのプロジェクトで一貫した方法で扱うことが可能になります。それらの関数の多くはアプリケーションに固有のものであり、タイムスタンプのフォーマット文字列や「現在」が何を意味するかといったことを強制的に判断するという点では、Python ライブラリのパッチ候補としてふさわしくありません。また、汎用ライブラリとしてリリースされ、他のプロジェクトで採用されるというのにも向いていません。

一方で、私は OpenStack の API サービスをこのプロジェクトの初期に作成された WSGI（Web Server Gateway Interface）フレームワークからサードパーティの Web 開発フレームワークへ移行させる作業に取り組んでいます。Python には WSGI アプリケーションを作成するための選択肢が数多くあり、OpenStack の API サーバー向けにその 1 つを拡張する必要があるのかもしれません。しかし、どちらかといえば、そうした再利用可能な変更内容はアップストリームのフレームワークにコントリビュートするほうが、「プライベート」なフレームワークを維持するよりもましでしょう。

**Python のメジャーバージョン間で二の足を踏んでいる開発者に何かアドバイスはありますか？**

Python 3 をサポートしているサードパーティライブラリの数はクリティカルマスに達しています。Python 3 用の新しいライブラリやアプリケーションの構築はかつてないほど容易になっており、3.3 で追加された互換性機能のおかげで、Python 2.7 のサポートを維持するのもさらに容易になっています。主要な Linux ディストリビューションは、Python 3 がデフォルトでインストールされたリリースの配布に取り組んでいます。Python で新しいプロジェクトを開始するなら、移植されていない依存パッケージがある場合を除いて、Python 3 を真剣に検討すべきです。ただし、現時点では、Python 3 上で動作しないライブラリは「unmaintained」に分類されるようです※監訳注4。

---

※監訳注4
Python 2 は 2020 年 1 月で EOL になっているので、現在では Python 2 を選ぶこと自体が大きなリスクである。

**設計、事前の計画、移行などに関して、アプリケーションのコードをライブラリ化する最もよい方法は何でしょうか?**

アプリケーションは複数のライブラリを特定の目的に合わせて1つにまとめる「グルーコード」の集まりです。その目的を達成する機能を持つアプリケーションをまずライブラリとして設計し、それからアプリケーションを構築すると、コードが論理的なユニットにきちんとまとまり、結果としてテストが容易になります。これは、そのライブラリを通じてアプリケーションの機能にアクセスできることも意味し、組み合わせを変えれば他のアプリケーションも作成できます。このようにしないと、アプリケーションの機能がユーザーインターフェイスと深く結び付いてしまい、変更したり再利用したりするのが難しくなります。

**Python ライブラリを独自に設計しようとしている人々に何かアドバイスはありますか?**

私が常にアドバイスしているのは、ライブラリやAPIは常にトップダウン方式で設計し、単一責任の原則 (SRP) [注16] などの設計基準を各層に適用することです。そのライブラリを使って呼び出し元が何をしたいのかについて考え、そうした機能をサポートするAPIを作成してください。インスタンスにどのような値を格納できるのか、メソッドでどのような値を使用できるのかについて考え、それに対比させる形で、各メソッドにそのつど何を渡さなければならないかについて考えてください。最後に実装について検討し、ライブラリのコードをパブリックAPIのコードと別にしておくべきかどうかについて考えてください。

SQLAlchemy [注17] は、そうしたガイドラインを適用している代表的な例です。宣言的なORM、データマッピング、式の生成がすべて別々の層に分かれています。開発者は、APIを呼び出したりライブラリを使用したりするための正しい抽象レベルを (ライブラリの設計にまつわる制約ではなく) ニーズに基づいて決定できます。

**Python 開発者のコードを読んでいるときに最もよく目にするプログラミングエラーは何でしょうか?**

Python のイディオムにおいて他の言語と大きく異なる部分の1つは、ループとイテレーションです。たとえば、私が最もよく目にするアンチパターンの1つは、リストのフィルタリングに for ループを使用することです。まず、アイテムを新しいリストに追加してから、(おそらく関数への引数としてそのリストを渡した後に) 2つ目のループで結果を処理するのです。このようなフィルタリングループを見かけたときは、必ずと言ってよいほど、ジェネレータ式に書き換

---

※注 16
https://en.wikipedia.org/wiki/Single_responsibility_principle

※注 17
https://www.sqlalchemy.org/

えることを提案しています。そのほうが効率的で、理解しやすいからです。また、`itertools.`
`chain( )` を使用するのではなく、リストを組み合わせてそれらの内容を何らかの方法でまとめ
て処理できるようにしているのもよく見かけます。

コードレビューでは、他のもう少し細かい点についてもよく提案しています。たとえば、長い
`if...else` ブロックの代わりに `dict( )` をルックアップテーブルとして使用するとか、関数か
ら常に同じ型のオブジェクト（たとえば、None ではなく空のリストなど）を返すようにするとか、
関連する値をオブジェクト（タプルまたは新しいクラス）にまとめることで関数に必要な引数の
個数を減らすとか、ディクショナリに頼るのではなく、パブリック API で使用するクラスを定
義するとかです。

**フレームワークについては、どのように考えていますか？**

フレームワークは他の種類のツールと何ら変わりません。フレームワークは助けになることが
ありますが、手元のタスクに適したものを選択するように注意しなければなりません。

アプリケーションの共通部分をフレームワークとして抜き出すと、アプリケーションごとに異
なる部分に開発作業を集中させることができます。フレームワークには、開発モードでの実行
やテストスイートの作成などを行うためのブートストラップコードも大量に含まれており、ア
プリケーションを意味のある状態にすばやく持っていくのに役立ちます。また、フレームワー
クはアプリケーションの実装に一貫性をもたらすため、理解しやすく再利用しやすいコードに
なります。

ただし、危険も潜んでいます。特定のフレームワークを使用する決定は、たいてい、アプリケー
ション自体の設計に含みを持たせることになるからです。フレームワークの選択を誤ると、フ
レームワークの設計上の制約がアプリケーションの要件と相いれないものである場合に、アプ
リケーションの実装が難しくなる可能性があります。フレームワークが推奨するものとは異な
るパターンやイディオムを利用しようとした場合に、フレームワークと衝突することになるか
もしれません。

# 3

# 第3章　ドキュメントの作成と
## よいAPIプラクティス

本章のテーマは、ドキュメントの作成です。具体的には、プロジェクトの文書化における神経を使うわりにはつまらない部分を、**Sphinx**で自動化する方法について説明します。ドキュメントを自分で書かなければならないことに変わりはありませんが、Sphinxによってそのタスクが単純になります。Pythonライブラリを使って機能を提供するのはごく一般的なので、パブリックAPIの変更内容を管理し、文書化する方法も見ていきます。APIは機能を変更するために進化することになるため、最初から何もかも完璧に作り上げるというわけにはなかなかいきませんが、APIをできるだけユーザーフレンドリにするためにできることをいくつか紹介します。本章の最後に、Web Services Made Easyフレームワークの作成者であるChristophe de Vienneへのインタビューがあり、APIの開発とメンテナンスのベストプラクティスについて話を聞きました。

# 3.1　Sphinx によるドキュメントの作成

　ドキュメントの作成は、ソフトウェアの作成において最も重要な部分の1つです。残念ながら、プロジェクトの多くは、きちんとしたドキュメントを提供していません。ドキュメントの作成はややこしく骨の折れる作業と見なされていますが、そうとも限りません。Python プログラマーに提供されているツールを利用すれば、コードを書くのと同じくらい簡単にドキュメントを作成できるかもしれません。

　ドキュメントが不十分であったり、そもそも存在しなかったりする最大の理由の1つは、「コードの文書化は手作業で行うしかない」と多くの人が思い込んでいることにあります。これでは、プロジェクトが複数のメンバーで構成されていたとしても、1人以上のメンバーが掛け持ちでコードの提出とドキュメントの管理を行うはめになります。そして、どちらの仕事がしたいかと問われれば、すべての開発者がソフトウェアについて書くよりもソフトウェアを書くほうがよいと答えるはずです。

　場合によっては、ドキュメント作成プロセスが開発プロセスから完全に分かれていることがあります。つまり、実際のコードを書いていない人々によってドキュメントが書かれる場合があるということです。さらに、このようにして作成されたドキュメントは最新の内容ではない可能性があります。誰が担当しようと、手書きのドキュメントが開発のペースに追いつけないことは、ほぼ確実です。

　要するに、コードとドキュメントとの距離が大きければ大きいほど、ドキュメントをきちんと維持するのが難しくなるということです。では、そもそもなぜそれらを分けるのでしょうか。ドキュメントはコードに直接配置できるだけでなく、読みやすい HTML ファイルや PDF ファイルに変換するのも簡単です。

　Python ドキュメントの最も一般的なフォーマットは **reStructuredText**、略して **reST** です。reST は、コンピュータにとっても人間にとっても読み書きしやすい（Markdown のような）軽量のマークアップ言語です。そして、このフォーマットを扱うために最もよく使用されているツールは Sphinx です。Sphinx は、reST フォーマットの内容を読み取り、他のさまざまなフォーマットでドキュメントを出力します。

　なお、プロジェクトのドキュメントには、常に次の内容が含まれるようにしてください。


- プロジェクトが解決しようとしている問題（1～2文で）。

- プロジェクトを配布するときのライセンス。ソフトウェアがオープンソースの場合は、各コードファイルのヘッダーにもこの情報が含まれている必要がある。コードをインターネットにアップロードしただけでは、そのコードでどのような行為が許可されているのか誰にもわからない。

- そのコードがどのように動作するのかを示す簡単な例。

- インストールの手順。

- コミュニティサポート、メーリングリスト、IRC、フォーラムなどへのリンク。

- バグ追跡システムへのリンク。

- ソースコードへのリンク。開発者がソースコードをダウンロードしてすぐに詳しく調べることができる。

また、プロジェクトが何をするものなのかを説明する `README.rst` ファイルも用意すべきです。この README は GitHub または PyPI のプロジェクトページに表示されるようにしてください。どちらのサイトも reST フォーマットの処理方法を理解しています。

> **NOTE**
> GitHub を使用している場合は、誰かがプルリクエストを送信したときに表示される `CONTRIBUTING.rst` も追加できます。このファイルには、コードが PEP 8 準拠かどうかを示す情報やユニットテストを実行するための注意書きなど、リクエストを送信する前に確認すべきチェックリストが含まれている必要があります。また、Read the Docs[注1] では、ドキュメントを自動的にビルドしてオンラインで公開できます。プロジェクトの登録と設定はとても簡単です。登録後、Read the Docs が Sphinx 構成ファイルを検索してドキュメントをビルドし、ユーザーがアクセスできる状態にします。コードホスティングサイトにとって頼りになる味方です。

## Sphinx と reST を使用するための準備

Sphinx は公式 Web サイト[注2]からダウンロードできます。このサイトにインストール手順がありますが、最も簡単なのは `pip install sphinx` でインストールすることです。

---

※注1
https://readthedocs.org/

※注2
http://www.sphinx-doc.org/

Sphinx のインストールが完了したら、まずはプロジェクトのトップレベルディレクトリで sphinx-quickstart doc を実行します[監訳注1]。そうすると、ソースディレクトリとビルドディレクトリを分けるかという質問が表示されるため、yと入力します。さらに、プロジェクトの名前、著者名、リリース、言語（ここでは英語 [en] を選択）などに関する質問が表示されるため、答えを適切に入力してください[訳注1]。最終的に、doc ディレクトリの下に source ディレクトリと build ディレクトリが作成され、source フォルダに 2 つのファイルが作成されます。conf.py ファイルには、Sphinx の構成情報が含まれています（Sphinx を動作させるには、このファイルが絶対に必要です）。index.rst ファイルは、ドキュメントの最初のページとなります。

conf.py ファイルには、プロジェクトの名前、作成者、HTML 出力に使用するテーマなど、ドキュメントに記載されている変数がいくつか含まれています。このファイルは自由に編集してください。

ドキュメントの構造を定義してデフォルト値を設定したら、HTML ドキュメントをビルドできます。リスト 3-1 に示すように、プロジェクトのトップレベルディレクトリで sphinx-build コマンドを呼び出し、引数としてソースディレクトリと出力ディレクトリを指定します。このコマンドは、ソースディレクトリから conf.py ファイルを読み取り、このディレクトリにある .rst ファイルをすべて解析します。そして、それらを HTML でレンダリングし、出力ディレクトリに書き込みます。

●リスト 3-1：Sphinx の基本的な HTML ドキュメントのビルド

```
$ sphinx-build doc/source doc/build
Sphinx v2.3.1 を実行中
ビルド中 [mo]：更新された 0 件の po ファイル
ビルド中 [html]：更新された 1 件のソースファイル
環境データを更新中 [ 新しい設定 ] 1 件追加 , 0 件更新 , 0 件削除
ソースを読み込み中 ...[100%] index

更新されたファイルを探しています ... 見つかりませんでした
環境データを保存中 ... 完了
整合性をチェック中 ... 完了
preparing documents... 完了
出力中 ...[100%] index

generating indices...  genindex 完了
writing additional pages...  search 完了
```

---

※監訳注1
doc は引数で、この場合、doc というディレクトリが生成されて、doc ディレクトリに sphinx のテンプレートが格納される。
※訳注1
ここでは、ドキュメントの言語としてデフォルトの英語 (en) を選択しているが、日本語 (ja) を選択すると、日本語ドキュメント用の設定が行われる。

```
静的ファイルをコピー中 ... ... 完了
copying extra files... 完了
dumping search index in English (code: en)... 完了
dumping object inventory... 完了
ビルド 成功 .

HTML ページは doc/build にあります。
```

　普段使用している Web ブラウザで doc/build/index.html を開いてみてください。ドキュメントが表示されるはずです。

**NOTE** パッケージの管理に setuptools または pbr（第5章を参照）を使用している場合、Sphinx は setup.py build_sphinx コマンドをサポートするようにそれらを拡張します。このコマンドは sphinx-build を自動的に実行します。Sphinx の pbr 統合では、/doc サブディレクトリにドキュメントを出力するなど、妥当なデフォルト値が設定されています。

　ドキュメントは index.rst ファイルで始まりますが、そこで終わりにする必要はありません。reST は、他の reST ファイルの内容を取り込むための include ディレクティブをサポートしているため、ドキュメントを複数のファイルに分割することも可能です[※監訳注2]。最初のうちは、構文やセマンティクスについて、あれこれ考えすぎないようにしてください。reST はさまざまなフォーマットをサポートしていますが、リファレンスを調べる時間はあとでたっぷりあります。タイトル、箇条書きリスト、表などの作成方法はリファレンス[※注3]で説明されています。

## Sphinx のモジュール

　Sphinx は非常に拡張性の高いツールです。基本的な機能がサポートしているのは手動によるドキュメントの作成だけですが、ドキュメントの自動生成などを可能にする便利なモジュールが数多く提供

---

[※監訳注2]
本文では include ディレクティブが紹介されているが、実際には toctree が使われることがほとんどである。toctree で他の reST ドキュメントを並べることで、それぞれのドキュメントへ目次とリンクが表示される。

[※注3]
https://www.sphinx-doc.org/ja/master/usage/restructuredtext/index.html

されています。たとえば sphinx.ext.autodoc は、モジュールから reST フォーマットの docstring を抽出し、.rst ファイルを生成します。これは、sphinx-quickstart で必要に応じて有効にできるオプションの 1 つです[※訳注2]。ただし、このオプションを選択しなかった場合でも、conf.py ファイルを編集し、拡張として追加できます。

```
extensions = ['sphinx.ext.autodoc']
```

なお、autodoc はモジュールの認識と取り込みを自動的に行わないので注意してください。文書化したいモジュールは、明示的に指定する必要があります。リスト 3-2 に示すように、文書化したいモジュールを .rst ファイルの 1 つに追加します。

●リスト 3-2：autodoc に文書化させるモジュールを指定する

```
.. automodule:: foobar
❶    :members:
❷    :undoc-members:
❸    :show-inheritance:
```

リスト 3-2 に示されている 3 つのリクエストは、どれもオプションです。❶のリクエストはドキュメント（docstring）が含まれているメンバーを自動的に文書化し、❷はドキュメントが含まれていないメンバーも文書化し、❸は継承関係を表示します。次の点にも注意してください。

- ディレクティブ[※監訳注2]が 1 つも含まれていない場合、Sphinx は出力を生成しない。
- :members: のみを指定した場合、モジュール、クラス、またはメソッドツリーにおいてドキュメント（docstring）が含まれていないノードは、それらのメンバーにドキュメントが含まれていたとしても除外される。たとえば、あるクラスのメソッドにドキュメントが含まれていて、そのクラス自体には含まれていない場合は、クラスとメソッドの両方を除外する。これを回避するには、そのクラスの docstring を記述するか、:undoc-members: も指定する必要がある。

---

※訳注2
その場合は、sphinx-quickstart --ext-autodoc doc コマンドを使用する。
※監訳注2
この場合、.. automodule:: がディレクティブで、❶～❸はオプション。

- モジュールはPythonがインポートできる場所になければならない。.、..、および（または）../.. を sys.path に追加するとよいかもしれない。

autodoc 拡張を利用すれば、ソースコードのドキュメントのほとんどを取り込むことができます。文書化するモジュールやメソッドの選択も可能なので、「オールオアナッシング」のソリューションではありません。ドキュメントをソースコードと一緒に管理すれば、常に最新の状態に保ちやすくなります。

## autosummary を使って目次を自動生成する

Python ライブラリを作成している場合、通常は API ドキュメントに目次を追加し、各モジュールのページをリンクしたいところです。

このような一般的な用途への対処を目的として作成されたのが、sphinx.ext.autosummary モジュールです。まず、conf.py ファイルに次の行を追加して、このモジュールを有効にする必要があります。

```
extensions = ['sphinx.ext.autosummary']
```

続いて、.rst ファイルに次のようなコードを追加すると、指定したモジュールの目次を自動的に生成できます。

```
.. autosummary::

    mymodule
    mymodule.submodule
```

これにより、前述の autodoc ディレクティブを含んだ generated/mymodule.rst ファイルと generated/mymodule.submodule.rst ファイルが作成されます。同じフォーマットを用いて、モジュール API のどの部分をドキュメントに含めるのかを指定できます。

> **NOTE**　sphinx-apidoc コマンドを使用すると、これらのファイルを自動的に作成できます。詳細については、Sphinx のドキュメントを確認してください。

## doctest を使ってテストを自動化する

　Sphinx のもう1つの便利な機能は、ドキュメントのビルド時にサンプルで doctest を自動的に実行できることです。Python の標準モジュールである doctest は、コードのドキュメントを探し出し、コードの機能がドキュメントに正確に反映されているかどうかをテストします。プライマリプロンプト >>> で始まる段落は、すべてテスト対象のコードとして扱われます。たとえば、Python の標準の print 関数を文書化したい場合は、次のようなドキュメントコードを記述すると、doctest が結果をチェックしてくれます。

```
    To print something to the standard output, use the :py:func:`print` function:
>>> print("foobar")
foobar
```

　このようなサンプルがドキュメントに含まれていると、ユーザーが API を理解しやすくなります。とはいえ、API が進化していく過程でサンプルの更新を後回しにし、そのうち忘れてしまうというのはよくあることです。幸いにも、doctest がこの状況を未然に防いでくれます。ドキュメントにステップ形式のチュートリアルが含まれている場合、doctest はテストできる行をすべてテストすることで、開発全体を通じてドキュメントを最新の状態に保つ手助けをします。

　doctest は**ドキュメント駆動開発**（DDD）[※監訳注3] にも利用できます。DDD では、ドキュメントとサンプルを書いてから、そのドキュメントに合わせてコードを記述します。この機能を利用するには、次に示すような特別な doctest ビルダを使って sphinx-build を実行するだけです[※訳注3]。

---

※監訳注3
一般的には、「DDD」は「ドメイン駆動設計」（Domain-driven design）の略語として使われることが多い。

※訳注3
conf.py ファイルで sphinx.ext.doctest 拡張が有効になっている必要がある。

```
$ sphinx-build -b doctest doc/source doc/build
Sphinx v2.3.1 を実行中
保存された環境データを読み込み中 ... 完了
ビルド中 [mo]: 更新された 0 件の po ファイル
ビルド中 [doctest]: 更新された 1 件のソースファイル
環境データを更新中 0 件追加 , 1 件更新 , 0 件削除
ソースを読み込み中 ...[100%] index

更新されたファイルを探しています ... 見つかりませんでした
環境データを保存中 ... 完了
整合性をチェック中 ... 完了
running tests...

Document: index
-----------------
1 items passed all tests:
    1 tests in default
1 tests in 1 items.
1 passed and 0 failed.
Test passed.

Doctest summary
===============
    1 test
    0 failures in tests
    0 failures in setup code
    0 failures in cleanup code
build 成功 .

ソース内の doctests のテストが終了したら、doc/build/output.txt の結果を確認してください。
```

　doctest ビルダを使用すると、Sphinx が通常の .rst ファイルを読み取り、それらのファイルに含まれているサンプルコードを実行します。

　Sphinx には、他にも多くの機能が含まれています。それらの機能は標準で、あるいは拡張モジュールを通じて提供されます。

- プロジェクト間のリンク※監訳注4

- HTML テーマ

- 図表と式

- Texinfo フォーマットと EPUB フォーマットでの出力※監訳注5

- 外部ドキュメントへのリンク

　これらのすべての機能がすぐに必要になるとは限りませんが、将来必要になるかもしれないので、知っておいて損はありません。詳細については、Sphinx の公式ドキュメント※注4を参照してください。

## Sphinx 拡張を作成する

　状況によっては、既存のソリューションでは十分ではなく、カスタムツールの作成が必要になることがあります。

　HTTP REST API を作成しているとしましょう。Sphinx が文書化するのは API の Python 側だけなので、REST API のドキュメントは手動で作成しなければならず、いろいろ問題があります。WSME（Web Services Made Easy）の作成者たちがその解決策として思い付いたのは、sphinxcontrib-pecanwsme という Sphinx 拡張でした。この拡張は、docstring と実際の Python コードを解析することで、REST API ドキュメントを自動的に生成します。

NOTE　Flask、Bottle、Tornado など、他の HTTP フレームワークには、sphinxcontrib.httpdomain を使用できます。

　要するに、コードから情報を抽出することでドキュメントをビルドできることがわかっている場合は常にそうすべきであり、そのプロセスも自動化すべきということです。Read the Docs などの自動パブリケーションツールを利用できる場合は特にそうですが、このようにするほうが、手動で作成し

---

※監訳注4
プロジェクト間のリンク用に intersphinx という仕組みがある。

※監訳注5
主な出力フォーマットには、HTML、LaTeX、PDF、ePub がある。

※注4
https://www.sphinx-doc.org/ja/master/

たドキュメントのメンテナンスを試みるよりも効率的です。

　Sphinx 拡張を独自に作成する例として、sphinxcontrib-pecanwsme 拡張を調べてみましょう。最初のステップは、モジュールを作成して名前を付けることです。できれば sphinxcontrib のサブモジュールとして作成すべきですが、そのモジュールの汎用性が十分であることが前提となります。Sphinx では、このモジュールに setup(app) という関数があらかじめ定義されていることが必要です。この関数は、コードを Sphinx のイベントやディレクティブに結び付けるためのメソッドを呼び出します。これらのメソッドの完全なリストは Sphinx 拡張 API [注5] に含まれています。

　たとえば、sphinxcontrib-pecanwsme 拡張には、setup(app) 関数を使って追加される rest-controller というディレクティブが1つ含まれています。この追加のディレクティブには、ドキュメントを生成するためのコントローラクラスの完全修飾名を指定する必要があります（リスト 3-3）。

●リスト 3-3：rest-controller ディレクティブを追加する sphinxcontrib.pecanwsme.rest.setup のコード

```
def setup(app):
    app.add_directive('rest-controller', RESTControllerDirective)
```

　リスト 3-3 の add_directive メソッドでは、rest-controller ディレクティブを登録し、その処理を RESTControllerDirective クラスにデリゲートしています。この RESTControllerDirective クラスには、このディレクティブがコンテンツを扱う方法や引数の有無などを示す属性が定義されています。また、このクラスは run メソッドも実装しています。このメソッドは、コードからドキュメントを実際に抽出し、解析したデータを Sphinx に返します。

　sphinx-contrib リポジトリ [注6] には、独自の拡張の開発に役立つ小さなモジュールが数多く含まれています。

 NOTE　Sphinx は Python で書かれており、デフォルトで Python をターゲットとしていますが、他の言語もサポートできる拡張が提供されています。このため、プロジェクトで複数の言語を同時に使用している場合でも、Sphinx を使ってプロジェクトを完全に文書化できます。

---

※注5
http://www.sphinx-doc.org/en/master/extdev/appapi.html

※注6
https://github.com/sphinx-contrib

　もう 1 つ例を挙げると、筆者のプロジェクトの 1 つである Gnocchi では、カスタム Sphinx 拡張を使っ
てドキュメントを自動生成しています。Gnocchi は、大規模な時系列データの格納とインデックス付
けを行うデータベースです。Gnocchi は REST API を提供しており、そうした API を文書化する場合
の多くでは、API のリクエストとレスポンスがどのようなものになるかを示す例を手動で作成するこ
とになります。残念ながら、このアプローチはミスを犯しやすく、現実に即していません。

　そこで私たちは、Gnocchi の API をテストするユニットテストのコードを使って Sphinx 拡張を構
築しました。この拡張は、Gnocchi を実行し、実際の Gnocchi サーバーに対して実行される HTTP リ
クエストとレスポンスを含んだ .rst を生成します。私たちは、このようにしてドキュメントを最新
の状態に保っています。サーバーのレスポンスが手動で作成されることはなく、手動のリクエストが
失敗した場合は文書化プロセスも失敗するため、ドキュメントを修正しなければならないことがわか
ります。

　この拡張のコードは本書に掲載するには長すぎますが、Gnocchi のソースコード[※注7]はオンライン
で公開されているため、ぜひ gnocchi.gendoc モジュールを調べて、その仕組みを理解してください。

## API に対する変更を管理する

　うまく文書化されているコードは、他の開発者にとって、そのコードがインポートして何か他のも
のを構築することに適しているかの目印となります。たとえば、他の開発者が使用するためのライブ
ラリを構築して API をエクスポートする際には、しっかりとしたドキュメントで安心感を与えたいと
ころです。

　ここでは、パブリック API のベストプラクティスを取り上げます。パブリック API はライブラリ
やアプリケーションのユーザーに公開されるものです。内部の API では何でも好きなことができます
が、パブリック API には慎重に対処すべきです。

　Python では、パブリック API とプライベート API を区別するために、プライベート API のシンボ
ルの先頭にアンダースコアを付けるのが慣例となっています。foo はパブリックですが、_bar はプラ
イベートです。別の API がパブリックかプライベートかを認識するときにも、カスタム API に名前
を付けるときにも、この慣例に従うようにしてください。Java などの他の言語とは対照的に、Python
はコードがパブリックであってもプライベートであっても、そのアクセスにいっさい制約を課しませ
ん。この命名規則の目的は、あくまでもプログラマーどうしの意思の疎通にあります。

---

※注7
https://github.com/gnocchixyz/gnocchi

## API のバージョン番号を管理する

　API のバージョン番号が正しく設定されていれば、ユーザーに多くの情報を与えることができます。Python には、API のバージョン番号を管理するためのシステムや規約は特にありませんが、Unix プラットフォームを参考にすることができます。Unix プラットフォームでは、詳細なバージョン識別子に基づく複雑なライブラリ管理システムが用いられています。

　一般に、バージョン番号はユーザーに影響を与える API の変更を反映したものにすべきです。たとえば、API に大きな変更があった場合は、メジャーバージョン番号が 1 から 2 に変わるかもしれません。新しい API 呼び出しがいくつか追加されただけの場合は、マイナーバージョン番号が 2.2 から 2.3 に変わるかもしれません。変更がバグフィックス関連のものだけである場合は、バージョン番号が 2.2.0 から 2.2.1 に増えるかもしれません。Python の requests ライブラリ[※注8]は、バージョン番号をどのように管理すべきかのよい見本です。このライブラリは、新しいバージョンでの変更の数と、このライブラリを利用しているプログラムに対してそれらの変更が与える影響に基づいて、API のバージョン番号を増やします。

　バージョン番号は、あるライブラリの 2 つのリリース間で発生した変更に開発者の目を向けさせますが、それだけでは開発者にとって十分なガイドであるとは言えません。それらの変更について説明する詳細なドキュメントも提供しなければなりません。

## API の変更点を文書化する

　API に変更を加えるときの最初の、そして最も重要な作業は、それらの変更内容を十分に文書化し、何が変更されたのかをコードのユーザーがすばやく確認できるようにすることです。このドキュメントには、次のような情報が含まれていなければなりません。

- 新しいインターフェイスの新しい要素
- 古いインターフェイスの推奨されなくなった要素
- 新しいインターフェイスへの移行手順

※注8
https://pypi.python.org/pypi/requests/

　また、古いインターフェイスは、すぐに削除しないようにしてください。削除しないでおくのがどうにも難しくなるまで、古いインターフェイスは残しておくことを勧めます。非推奨（deprecated）として指定しておけば、そのインターフェイスを使用すべきではないことがユーザーに伝わるはずです。

　リスト 3-4 は、よい API 変更ドキュメントの例を示しています。このコードは、どの方向にも曲がることができる Car オブジェクトを定義しています。開発者は何らかの理由で turn_left メソッドを提供するのを止めて、代わりに turn という汎用的なメソッドを提供することにしました。turn メソッドには、方向を引数として渡すことができます。

●リスト 3-4：Car オブジェクトの API 変更ドキュメントの例

```python
class Car(object):

    def turn_left(self):
        """Turn the car left.

        .. deprecated:: 1.1
            Use :func:`turn` instead with the direction argument set to left
        """
        self.turn(direction='left')

    def turn(self, direction):
        """Turn the car in some direction.

        :param direction: The direction to turn to.
        :type direction: str
        """
        # turn 関数の実際のコード
        pass
```

　この三重の引用符（"""）は、docstring の始まりと終わりを表します。これらの docstring は、ユーザーがターミナルに help(Car.turn_left) を入力するか、Sphinx などの外部ツールを使ってドキュメントを抽出するときに、ドキュメントに取り込まれます。car.turn_left メソッドが非推奨になったことは .. deprecated 1.1 によって示されています。1.1 は、このコードを非推奨としてリリースする最初のバージョンを指しています。

　この非推奨方式を使って Sphinx で可視化すると、この関数を使用すべきではないことと古いコー

ドを移行する方法がユーザーに明確に伝わり、回り道をすることなく新しい関数を利用できるようになります。

図 3-1 は、非推奨になった関数を説明する Sphinx ドキュメントを示しています。

●図 3-1：非推奨になった関数の説明

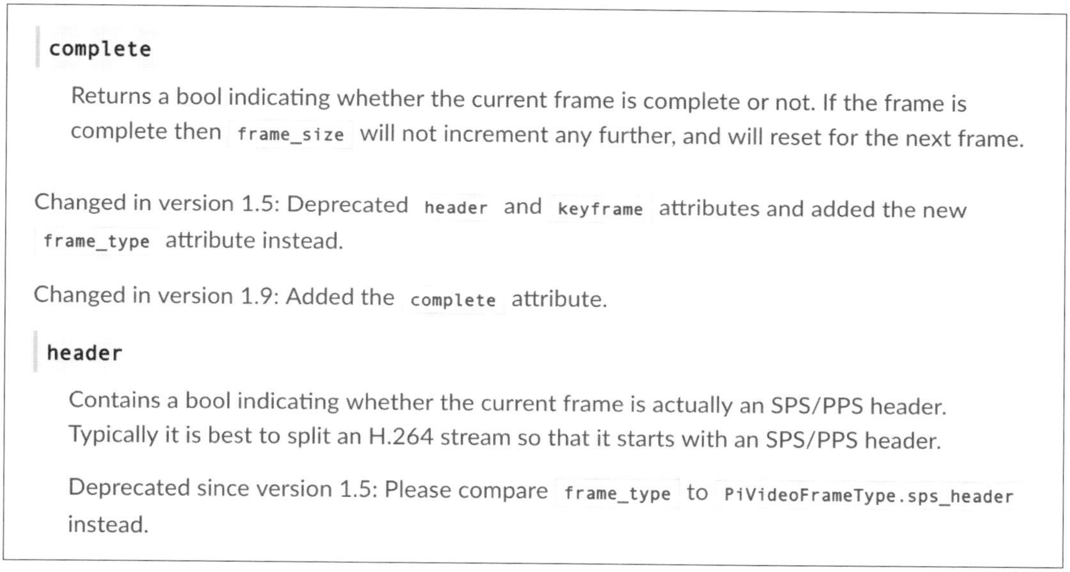

---

**complete**

> Returns a bool indicating whether the current frame is complete or not. If the frame is complete then `frame_size` will not increment any further, and will reset for the next frame.

Changed in version 1.5: Deprecated `header` and `keyframe` attributes and added the new `frame_type` attribute instead.

Changed in version 1.9: Added the `complete` attribute.

**header**

> Contains a bool indicating whether the current frame is actually an SPS/PPS header. Typically it is best to split an H.264 stream so that it starts with an SPS/PPS header.

Deprecated since version 1.5: Please compare `frame_type` to `PiVideoFrameType.sps_header` instead.

---

このアプローチには、開発者が Python パッケージの新しいバージョンにアップグレードするときに変更履歴やドキュメントを読むことを当てにしているという欠点があります。ただし、それについては解決策があります。非推奨になった関数を warnings モジュールで指定することです。

## 非推奨になった関数を warnings モジュールで指定する

非推奨になったモジュールについては、ユーザーがそれらを呼び出そうとしないようにドキュメントにしっかり記載しておく必要がありますが、Python は warnings モジュールも提供しています。このモジュールを利用することで、非推奨の関数が呼び出されたときに、さまざまな種類の警告を生成できるようになります。これらの警告（DeprecationWarning、PendingDeprecationWarning）を利用すれば、呼び出している関数が非推奨になっている、または非推奨になる予定であることを開発者に告知できます。

NOTE warnings モジュールは、C を使用している場合の `__attribute__((deprecated))` という GCC 拡張に相当する便利な機能です。

　リスト 3-4 の Car オブジェクトの例に戻って、非推奨の関数をユーザーが呼び出そうとしたときに表示される警告を生成してみましょう（リスト 3.5）。

●リスト 3-5：warnings モジュールを使って Car オブジェクトの API に対する変更を文書化する

```
import warnings

class Car(object):
    def turn_left(self):
        """Turn the car left.

❶       .. deprecated:: 1.1
            Use :func:`turn` instead with the direction argument set to "left".
        """
❷       warnings.warn("turn_left is deprecated; use turn instead",
                      DeprecationWarning)
        self.turn(direction='left')

    def turn(self, direction):
        """Turn the car in some direction.

        :param direction: The direction to turn to.
        :type direction: str
        """
        # 実際のコード
        pass
```

　この例では、`turn_left` メソッドが非推奨になっています（❶）。`warnings.warn` 行を追加すると、カスタムエラーメッセージを作成できます（❷）。このようにすると、いずれかのコードが `turn_left` メソッドを呼び出したときに、次のような警告が表示されます。

```
>>> Car().turn_left()
__main__:8: DeprecationWarning: turn_left is deprecated; use turn instead
```

Python 2.7 以降のバージョンでは、デフォルトで警告がフィルタリングされるため、warnings モジュールが生成する警告は出力されません。これらの警告を出力させるには、Python の実行環境に -W オプションを渡す必要があります。-W all オプションを指定すると、すべての警告が標準エラー（stderr）に出力されるようになります。このオプションの有効な値については、Python の man ページ※監訳注6 を参照してください。

テストスイートを実行する際、Python の実行時に -W error オプションを指定すると、非推奨の関数が呼び出されるたびにエラーが生成されるようになります。このため、あなたのライブラリを使用している開発者がコードのどこを修正すればよいのかをすぐに特定できます。-W error オプションが指定された場合、Python はリスト 3-6 のような方法で警告を致命的なエラーに変換します。

●リスト 3-6：-W error オプションを指定すると非推奨エラーが生成される

```
>>> import warnings
>>> warnings.warn("This is deprecated", DeprecationWarning)
Traceback (most recent call last):
  File "<stdin>", line 1, in <module>
DeprecationWarning: This is deprecated
```

警告は実行時に見逃されがちであり、本番システムを -W error オプションで実行しないほうがよいでしょう。一方で、Python アプリケーションのテストスイートの実行に -W error オプションを使用するのは、警告を早い段階にキャッチして修正するためのよい方法かもしれません。

ただし、こうした警告や docstring の更新などをいちいち記述するのは面倒かもしれません。そこで、その一部を自動化するために debtcollector ライブラリが作成されています。このライブラリには、あなたの関数で使用できるデコレータがいくつか定義されています。これらのデコレータは、正しい警告の生成と docstring の適切な更新を確実に行うためのものです。リスト 3-7 に示すように、ある

---

※監訳注6
https://docs.python.org/ja/3/library/warnings.html

関数が他の場所に移動されていることを単純なデコレータを使って提示できます<sup>※訳注 4</sup>。

●リスト 3-7：debtcollector による API の変更の自動化

```python
from debtcollector import moves

class Car(object):
    @moves.moved_method('turn', version='1.1')
    def turn_left(self):
        """Turn the car left."""

        return self.turn(direction='left')

    def turn(self, direction):
        """Turn the car in some direction.

        :param direction: The direction to turn to.
        :type direction: str
        """
        # 実際のコード
        pass
```

　リスト 3-7 のコードは、debtcollector で定義されている moves メソッドを使用しています。その moved_method デコレータにより、turn_left メソッドが呼び出されると DeprecationWarning が生成されます。

# 3.2　まとめ

　Sphinx は Python オブジェクトを文書化するためのデファクトスタンダードです。Sphinx は構文を幅広くサポートしており、プロジェクトに特別なニーズがある場合は、新しい構文や機能を簡単に追加できます。また、インデックスの生成やコードからのドキュメントの抽出といったタスクを自動化することも可能であり、長期的に見てドキュメントのメンテナンスが容易になります。

　機能を非推奨にするときは特にそうですが、API に対する変更の文書化は非常に重要であり、ユーザーが突然の変更に驚くことがなくなります。非推奨を文書化する方法には、Sphinx の `deprecated` キーワードと `warnings` モジュールがあります。そして、`debtcollector` ライブラリを利用すれば、このドキュメントのメンテナンスを自動化できます。

# 3.3　Christophe de Vienne、API 開発について語る

　Christophe de Vienne は Python 開発者であり、WSME（Web Services Made Easy）フレームワークの作成者です。WSME では、Web サービスをパイソニック※訳注5 な方法で定義できます。また、幅広い API がサポートされているため、他の多くの Web フレームワークに組み込むこともできます。

**Python API の設計時に開発者が犯しがちなミスは何でしょうか？**

　私は Python API の設計時に次のようなルールに従うことで、いくつかのありがちなミスを防いでいます。

- **複雑になりすぎないようにする**
  シンプルに保つこと。複雑な API は理解するのも文書化するのも困難です。ライブラリの実際の機能までシンプルである必要はありませんが、ユーザーが簡単にミスできないよう

---

※訳注5
パイソニック（Pythonic）は、Python ならではのシンプルで読みやすいコードの書き方を意味する。
https://docs.python.org/3/glossary.html#term-pythonic

にシンプルに保つのが賢明です。たとえば、ライブラリは非常に単純で直感的ですが、内部では複雑なことを行います。対照的に、urllib の API はライブラリが行うことと同じくらい複雑で、使いやすいとは言えません。

- **仕掛けを可視化する**

  API がドキュメントで説明されていないことを行ったら、エンドユーザーはコードを開いて、裏で何が行われているのかを調べようとするでしょう。内部では魔法を使っても構いませんが、何か予想外のことが起きているのをエンドユーザーに見せないようにしてください。そうしないと、ユーザーが混乱したり、変更されるかもしれない振る舞いを当てにするようになってしまいます。

- **ユースケースを忘れない**

  コードを書くことに集中するあまり、ライブラリが実際にどのように使用されるのかについて考えることをつい忘れてしまいがちです。よいユースケースを思い付くことができれば、API を設計するのが簡単になります。

- **ユニットテストを書く**

  **テスト駆動開発**（TDD）は、特に Python においては、ライブラリを記述するための非常に効率的な手法です。というのも、エンドユーザーの役割を開発者が最初から想定しなければならないため、ユーザビリティを考慮した設計を行うようになるからです。最後の手段としてプログラマーにライブラリを完全に書き換えることを許可するとしたら、私が知る限り、これ以外のアプローチはありません。

**ライブラリ API がどれくらい設計しやすいかに影響をおよぼすのは Python のどの部分でしょうか？**

Python には、API のどの部分がパブリックで、どの部分がプライベートかを定義する手段は組み込まれていません。これは問題になることもあれば、強みになることもあります。

このことが問題になるのは、API のどの部分をパブリックにし、どの部分をプライベートのままにすべきかを開発者が十分に考慮しなくなる可能性があるためです。ただし、簡単な規律と、ドキュメント、そして（必要であれば）zope.interface のようなツールがあれば、問題をずっと抱え続けることはありません。

このことが強みになるのは、以前のバージョンとの互換性を保った上で、API のリファクタリングをすばやく簡単に実行できる場合です。

**自身の API の進化、非推奨、削除について検討するときに何を考慮しますか？**

　API の開発について判断するときに考慮する基準がいくつかあります。

- **ユーザーが各自のコードをライブラリに適応させるのがどれくらい難しくなるか**
  あなたの API を使用している人々がいることを考えたとき、あなたが行う変更はどれも、その変更に適応するのに必要な作業量に見合うものでなければなりません。このルールには、API のよく使用される部分に対する互換性のない変更を防ぐという意図があります。とはいえ、Python の利点の1つは、API の変更に適応するためのコードのリファクタリングが比較的容易であることです。

- **API のメンテナンスがどれくらい容易になるか**
  実装をシンプルに保つ、コードベースを整理する、API を使いやすくする、ユニットテストの完全性を高める、API をひと目で理解しやすいものにする —— これらはどれもメンテナーの作業を楽にします。

- **変更を適用するときに API の一貫性をどうすれば保てるか**
  API に含まれている関数がすべて似たようなパターンに従う場合（最初の位置パラメータとして同じものを要求するなど）、新しい関数もそのパターンに従うようにします。また、一度に行うことが多すぎると、どれも正しく行われずに終わる傾向にあります。肝心なのは、API をその目的から逸脱させないことです。

- **その変更はユーザーにどのようなメリットをもたらすか**
  最後になりましたが、常のユーザーの視点に立って考えることも重要です。

**Python での API の文書化に関して何かアドバイスはありますか？**

　よいドキュメントがあると、初心者がライブラリを導入しやすくなります。ドキュメントをおろそかにすると、初心者だけでなく、大勢の潜在ユーザーまで遠ざけることになります。問題は、ドキュメントの作成が難しいために、いつも放置されてしまうということです。

- **早い段階から文書化に着手し、継続的インテグレーションに文書化を組み込む**
  ドキュメントを作成して管理するための Read the Docs を利用すれば、ドキュメントのビルドと公開を行わないことに対して言い訳ができなくなります（少なくとも、オープンソースのソフトウェアに関しては）。

- **API で定義されているクラスと関数は docstring を使って文書化する**

  PEP 257[※注9]のガイドラインに従う場合、API が何をするのかを理解するために開発者がソースを読む必要はなくなります。docstring から HTML ドキュメントを生成してください。そして、API リファレンスに限定しないでください。

- **ドキュメント全体に実践的な例を盛り込む**

  「スタートアップガイド」を少なくとも 1 つ用意し、実際に動作する例の構築方法を初心者に示してください。ドキュメントの最初のページに API のクイックオーバービューと代表的なユースケースをまとめてください。

- **API の進化をバージョンごとに詳細に文書化する**

  バージョン管理システム（VCS）の履歴だけでは不十分です。

- **ドキュメントにアクセスしやすくし、できれば読みやすいドキュメントにする**

  ユーザーがドキュメントをすぐに見つけ出せるようにし、苦痛を感じることなく必要な情報を取得できるようにしなければなりません。PyPI を通じてドキュメントを提供するのは 1 つの手です。ドキュメントを Read the Docs で公開すれば、ドキュメントがそこにあることをユーザーが期待するようになるので、それもよい考えです。

- **最後に、効率的で魅力的なテーマを選択する**

  WSME では Sphinx の「Cloud」テーマ[※監訳注7]を選択しましたが、選択可能なテーマは他にも数多く公開されています。魅力的なドキュメントを生成するのに Web のエキスパートである必要はないのです。

---

# 第4章　タイムスタンプとタイムゾーンの処理

タイムゾーンは複雑です。ほとんどの人は、国際的な基準時刻であるUTC（Coordinated Universal Time）から前後12時間の範囲で時間を足したり引いたりするのがタイムゾーンの処理であると考えています。

しかし、現実はそうではありません。タイムゾーンは論理的でもなければ予測可能でもありません。タイムゾーンの中には15分区切りのものがあり、1年に2回タイムゾーンを変更する国もあります。また、夏の間は「サマータイム」と呼ばれるカスタムタイムゾーンを採用している国もあり、サマータイムが始まる期日は国によってまちまちです。それに加えて、特殊なケースや例外的なケースが山ほどあります。このようなわけで、タイムゾーンは興味深い歴史に彩られていますが、その分、タイムゾーンを処理する方法も複雑になります。こうした特異性を考え合わせると、タイムゾーンを扱うときには立ち止まって考えてみる必要があります。

本章では、タイムゾーンの処理がなぜ曲者なのか、各自のプログラムでタイムゾーンをどのように処理するのが最善なのかを大まかに示すことにします。タイムスタンプオブジェクトを構築する方法、それらのオブジェクトにタイムゾーンを認識させる方法とその理由、そして例外的なケースに対処する方法を見ていきます。

# 4.1　タイムゾーンがないという問題

　タイムゾーンが追加されていないタイムスタンプには、情報としての価値はありません。タイムゾーンがなければ、アプリケーションが実際にどの時点を指しているのかを推測しようがないからです。したがって、2 つのタイムスタンプをそれぞれのタイムゾーンがない状態で比較することはできません。それは日付がわからない状態で曜日を比較するようなもので、月曜日が火曜日よりも前かどうかは、それぞれがどの週の曜日なのかによって違ってきます。タイムゾーンが追加されていないタイムスタンプは無意味なものと見なすべきです。

　このような理由により、タイムゾーンがないタイムスタンプをアプリケーションで扱うようなことは絶対に避けるべきです。それどころか、タイムゾーンが指定されない場合はエラーを生成しなければなりません。あるいは、デフォルトのタイムゾーンとして何が想定されるのかを明確にしておくべきです。たとえば、デフォルトのタイムゾーンとして UTC を選択するのはよくあることです。

　また、タイムスタンプを「格納」する前に何らかのタイムゾーン変換を行うことに注意する必要もあります。たとえば、ユーザーがそのローカルタイムゾーン —— たとえば CET（Central European Time）—— で毎週水曜日の午前 10 時に繰り返し発生するイベントを作成するとしましょう。CET は UTC よりも 1 時間早いため、CET のタイムスタンプを UTC に変換した上で格納すると、そのイベントが毎週水曜日の午前 9 時に格納されることになります。CET タイムゾーンは、夏季は UTC+01:00 から UTC+02:00 に切り替わります。アプリケーションはこのことを踏まえて、夏の数か月はこのイベントが毎週水曜日の CET の午前 11 時に始まると計算するでしょう。このアプリケーションがすぐに無駄なものになることは目に見えています※監訳注1。

　タイムゾーン処理に関する一般的な問題を理解したところで、私たちのお気に入りの言語に目を向けてみましょう。Python には、datetime.datetime というタイムスタンプオブジェクトが定義されています。このオブジェクトには、日付と時刻をマイクロ秒単位で正確に格納できます。datetime.datetime オブジェクトは、**タイムゾーン対応**か**タイムゾーン非対応**のどちらかになります。タイムゾーン対応の場合はタイムゾーン情報を埋め込みますが、タイムゾーン非対応の場合は埋め込みません。

---

※監訳注1
日本は 1 つのタイムゾーンでサマータイムもない。タイムゾーンを意識したプログラミングをせずに暗黙的に日本標準時 JST として時刻を +09:00 と扱っているかもしれない。しかし、フレームワークを使う際や日本以外での利用を考えたアプリケーションを作るときにはタイムゾーンは必要な考え方である。

残念ながら、リスト 4-1 で確認するように、datetime オブジェクトの API がデフォルトで返すのは
タイムゾーン非対応のオブジェクトです。デフォルトのタイムスタンプオブジェクトを作成する方法
と、タイムゾーンを使用するようにそのオブジェクトを修正する方法を見てみましょう。

# 4.2　デフォルトの datetime オブジェクトを作成する

　現在の日時が値として含まれた datetime オブジェクトを作成するには、datetime.datetime.
utcnow メソッドを使用します。このメソッドは、UTC タイムゾーンの現在の日時を取得します（リ
スト 4-1）。マシンが設置されている地域のタイムゾーンの日時を使って同じオブジェクトを作成する
には、datetime.datetime.now メソッドを使用します。リスト 4-1 では、UTC タイムゾーンとマシ
ンが設置されている地域のタイムゾーンの日時を取得しています。

●リスト 4-1：datetime を使って時刻を取得する

```
>>> import datetime
>>> datetime.datetime.utcnow()
❶ datetime.datetime(2020, 1, 1, 13, 52, 49, 350732)
>>> datetime.datetime.utcnow().tzinfo is None
❷ True
```

　datetime ライブラリをインポートし、UTC タイムゾーンを使用する datetime オブジェクトを定
義します。これにより、UTC タイムスタンプが返されます。UTC タイムスタンプの値は、年、月、日、
時、分、秒、マイクロ秒で構成されています（❶）。このオブジェクトにタイムゾーン情報が含まれて
いるかどうかをチェックするには、tzinfo オブジェクトを調べます。リスト 4-1 では、タイムゾーン
情報が含まれていないことが示されています（❷）。
　次に、datetime.datetime.now メソッドを使って datetime オブジェクトを作成すると、マシンが
設置されている地域のデフォルトのタイムゾーンで現在の日時を取得できます。

```
>>> datetime.datetime.now()
❸ datetime.datetime(2020, 1, 1, 22, 52, 52, 986312)
```

　このタイムスタンプもタイムゾーン情報がない状態で返されています。というのも、tzinfo フィールドがないからです（❸）。タイムゾーン情報が含まれていたとすれば、出力の最後に tzinfo=<UTC> のように追加されていたはずです。

　datetime の API は、デフォルトでは常にタイムゾーン非対応の datetime オブジェクトを返しますが、その出力からはタイムゾーンがどれなのかを知りようがないため、こうしたオブジェクトはまったく使いものになりません。

　Flask フレームワークの作成者である Armin Ronacher は、アプリケーションは常に Python のタイムゾーン非対応の datetime オブジェクトを UTC と仮定すべきだと提言しています。しかし、先ほど示したように、datetime.datetime.now メソッドから返されるオブジェクトでは、この方法はうまくいきません。datetime オブジェクトを作成するときには、それらのオブジェクトを常にタイムゾーン対応にすることを強くお勧めします。そのようにすると、オブジェクトをいつでも直接比較できるようになり、必要な情報が正しく含まれた状態で返されているかどうかをチェックできるようになります。tzinfo オブジェクトを使ってタイムゾーン対応のタイムスタンプを作成する方法を見てみましょう。

### 日付から datetime オブジェクトを作成する

datetime オブジェクトは特定の日付に基づいて作成することもできます。その場合は、リスト 4-2 に示すように、日付のさまざまな要素に対して必要な値を指定します。

●リスト 4-2：カスタムタイムスタンプオブジェクトの作成

```
>>> import datetime
>>> datetime.datetime(2019, 12, 20, 19, 54, 49)
datetime.datetime(2019, 12, 20, 19, 54, 49)
```

# 4.3 dateutil に基づく<br>タイムゾーン対応のタイムスタンプ

　既存のタイムゾーンのデータベースはすでにたくさんあり、IANA（Internet Assigned Numbers Authority）などの中央機関によって管理され、主要な OS のすべてに含まれています。このため Python 開発者は、タイムゾーンクラスを独自に作成してプロジェクトごとに手動で複製するのではなく、dateutil プロジェクトを使って tzinfo クラスを取得します。dateutil プロジェクトは tz という Python モジュールを提供しています<sup>※監訳注2</sup>。このモジュールを利用すれば、それほど苦労せずにタイムゾーン情報を直接利用できるようになります。tz モジュールは、OS のタイムゾーン情報にアクセスできるだけではなく、タイムゾーンデータベースを埋め込んで Python から直接アクセスできるようにします。

　pip を使って dateutil をインストールするには、pip install python-dateutil コマンドを実行します。dateutil の API では、タイムゾーン名に基づいて tzinfo オブジェクトを取得できます。

```
>>> from dateutil import tz
>>> tz.gettz("Europe/Paris")
tzfile('/usr/share/zoneinfo/Europe/Paris')
>>> tz.gettz("GMT+1")
tzstr('GMT+1')
```

　dateutil.tz.gettz 関数は、tzinfo インターフェイスを実装しているオブジェクトを返します。この関数には、位置に基づくタイムゾーン（"Europe/Paris"）か、GMT（Greenwich Mean Time）を基準とするタイムゾーンを引数として渡すことができます。リスト 4-3 に示すように、dateutil タイムゾーンオブジェクトは tzinfo クラスとして直接使用できます。

---

※監訳注2
Python 標準ライブラリでもタイムゾーンに対応した datetime を作ることが可能。

```
>>> from datetime import datetime, tzinfo, timedelta, timezone
>>> dt_utc = datetime(2020, 1, 14, 23, 0, 0, tzinfo=timezone.utc)
>>> dt_jst = datetime(2020, 1, 15, 8, 0, 0, tzinfo=timezone(timedelta(hours=+9)))
```

● リスト 4-3：dateutil オブジェクトを tzinfo クラスとして使用する

```
>>> import datetime
>>> from dateutil import tz
>>> now = datetime.datetime.now()
>>> now
datetime.datetime(2019, 12, 20, 19, 40, 18, 279100)
>>> tz = tz.gettz("Europe/Paris")
>>> now.replace(tzinfo=tz)
datetime.datetime(2019, 12, 20, 19, 40, 18, 279100, tzinfo=tzfile('/usr/share/zoneinfo/Europe
/Paris'))
```

　目当てのタイムゾーンの名前がわかっている限り、そのタイムゾーンにマッチした tzinfo オブジェクトを取得できます。dateutil モジュールは、OS によって管理されているタイムゾーンにアクセスできます。その情報が何らかの理由で利用できない場合は、独自に埋め込んだタイムゾーンのリストを使用します。この埋め込みリストにアクセスする必要がある場合は、dateutil.zoneinfo モジュールを使用します。

```
>>> from dateutil.zoneinfo import get_zonefile_instance
>>> zones = list(get_zonefile_instance().zones)
>>> sorted(zones)[:5]
['Africa/Abidjan', 'Africa/Accra', 'Africa/Addis_Ababa', 'Africa/Algiers', 'Africa/Asmara']
>>> len(zones)
595
```

　場合によっては、プログラムがどのタイムゾーンで実行されているのかがわからないことがあります。そういった際に、タイムゾーンを独自に特定する必要があります。datetutil.tz.gettz 関数は、引数なしで呼び出された場合に、コンピュータのローカルのタイムゾーンを返します（リスト 4-4）。

●リスト 4-4：ローカルタイムゾーンの取得

```
>>> from dateutil import tz
>>> import datetime
>>> now = datetime.datetime.now()
>>> localzone = tz.gettz()
>>> localzone
tzfile('/etc/localtime')
>>> localzone.tzname(datetime.datetime(2018, 10, 19))
'CEST'
>>> localzone.tzname(datetime.datetime(2018, 11, 19))
'CET'
```

　リスト 4-4 では、`localzone.tzname(datetime.datetime())` に 2 つの日付を別々に渡しています。`dateutil` は、一方のタイムゾーンが CEST（Central European Summer Time）で、もう一方のタイムゾーンが CET（Central European Time）であることを突き止めています。現在の日付を渡した場合は、マシンが設置されている地域の現在のタイムゾーンが返されます。

　`dateutil` ライブラリのオブジェクトを `tzinfo` クラスで使用すれば、それらをアプリケーションで独自に実装する必要がなくなります。このため、タイムゾーン非対応の `datetime` オブジェクトをタイムゾーン対応の `datetime` オブジェクトに簡単に変換できます。

## カスタムタイムゾーンクラスの実装

Python には、タイムゾーンクラスを独自に実装できるクラスが存在します。`datetime.tzinfo` クラスは、タイムゾーンを表すクラスを実装するためのベースとなる抽象クラスです。タイムゾーンを表すクラスを実装したい場合は、`datetime.tzinfo` をスーパークラスとして使用し、次の 3 つのメソッドを実装する必要があります。

- `utcoffset(dt)`：UTC から東向きを正とした場合のタイムゾーンと UTC との時差を分単位で返さなければならない
- `dst(dt)`：UTC から東向きを正とした場合のサマータイムの時間調整を分単位で返さなければならない。
- `tzname(dt)`：タイムゾーンの名前を文字列として返さなければならない。

これら 3 つのメソッドは `tzinfo` オブジェクトを埋め込むため、タイムゾーン対応のあらゆる `datetime` を別のタイムゾーンに変換できるようになります。
ただし、前述のように、タイムゾーンデータベースが存在するため、そうしたタイムゾーンクラスを独自に実装するのは現実的ではありません。

# 4.4　タイムゾーン対応の datetime オブジェクトをシリアライズする

　datetime オブジェクトをあるポイント（外部インターフェイスなど）から別のポイントへ移動させる必要があり、そこに Python が組み込まれているとは限らないというケースがよくあります。最近だと、HTTP REST API はその代表的な例であり、datetime オブジェクトをシリアライズした上でクライアントに返さなければなりません。isoformat という Python の組み込みメソッドを使用すると、Python が組み込まれていないポイントのために datetime オブジェクトをシリアライズできます（リスト 4-5）。

● リスト 4-5：タイムゾーン対応の datetime オブジェクトのシリアライズ

```
>>> import datetime
>>> from dateutil import tz
❶ >>> def utcnow():
...     return datetime.datetime.now(tz=tz.tzutc())
...
>>> utcnow()
❷ datetime.datetime(2019, 12, 20, 14, 45, 19, 182703, tzinfo=tzutc())
❸ >>> utcnow().isoformat()
'2019-12-20T14:45:21.982600+00:00'
```

　utcnow という新しい関数を定義し、オブジェクトを UTC タイムゾーンで返すことを明示的に指定します（❶）。出力に示されているように、呼び出し元に返されるオブジェクトにはタイムゾーン情報が含まれています（❷）。続いて、この文字列を ISO 形式でフォーマットし（❸）、タイムスタンプにタイムゾーン情報（+00:00 部分）も含まれるようにします。

　リスト 4-5 では、isoformat メソッドを使って出力をフォーマットしていることがわかります。datetime の入出力文字列は、常に ISO 8601 でフォーマットすることをお勧めします。このようにすると、タイムゾーン情報を含んだ読みやすい形式のタイムスタンプが返されるようになります。

ISO 8601 形式の文字列は、組み込みの `datetime.datetime` オブジェクトに変換できます。`iso8601`
モジュールには、`parse_date` という関数が 1 つだけ定義されています。この関数は、文字列を解
析してタイムスタンプとタイムゾーンの値を特定するという大仕事をすべて肩代わりしてくれます。
`iso8601` モジュールは Python の組み込みモジュールとして提供されていないため、`pip install
iso8601` を使ってインストールする必要があります。ISO 8601 を使ってタイムスタンプを解析する方
法は、リスト 4-6 のようになります。

●リスト 4-6：iso8601 モジュールを使って ISO 8601 形式のタイムスタンプを解析する

```
>>> import iso8601
>>> import datetime
>>> from dateutil import tz
>>> now = datetime.datetime.utcnow()
>>> now.isoformat()
'2019-12-20T09:42:00.764337'
>>> parsed = iso8601.parse_date(now.isoformat())   ❶
>>> parsed
datetime.datetime(2019, 12, 20, 9, 42, 0, 764337, tzinfo=datetime.timezone.utc)
>>> parsed == now.replace(tzinfo=tz.tzutc())
True
```

リスト 4-6 では、文字列から datetime オブジェクトを作成するために iso8601 モジュールを使用
しています。ISO 8601 形式のタイムスタンプを含んでいる文字列で `parse_date` 関数を呼び出すと
（❶）、iso8601 モジュールが datetime オブジェクトを返すことができます。この文字列にはタイム
ゾーン情報が含まれていないため、iso8601 モジュールはタイムゾーンが UTC であると想定します。
この文字列に正しいタイムゾーン情報が含まれている場合は、iso8601 モジュールも正しいタイム
ゾーン情報を返します。

タイムゾーン対応の datetime オブジェクトを使用することと、文字列表現のフォーマットとして
ISO 8601 を使用することは、タイムゾーンを取り巻くほとんどの問題に対する理想的な解決策です。
これにより、ミスが未然に防がれ、アプリケーションと外部環境との効果的な相互運用が可能になり
ます。

# 4.5　あいまいな時間を解決する

　状況によっては、時刻があいまいになることがあります。たとえば、サマータイムへの移行時には、1日に2回、同じ「ウォールタイムクロック」時刻が発生します。dateutil ライブラリは、そうしたタイムスタンプを区別するために is_ambiguous メソッドを提供しています。このメソッドの動作を実際に確認するために、あいまいなタイムスタンプを作成してみましょう（リスト 4-7）。

●リスト 4-7：サマータイムへの移行時に発生する紛らわしいタイムスタンプ

```
>>> import datetime
>>> import dateutil.tz
>>> localtz = dateutil.tz.gettz("Europe/Paris")
>>> confusing = datetime.datetime(2017, 10, 29, 2, 30)
>>> localtz.is_ambiguous(confusing)
True
```

　2017年10月30日の夜、パリではサマータイムからウィンタータイムに切り替わりました。そこで、パリ市民は午前3時に時計を2時に戻します。その日の午前2時30分のタイムスタンプを使用しようとした場合、このオブジェクトがサマータイムに切り替えた後のものか、それとも切り替える前のものかは判断がつきません。

　ただし、fold 属性を利用すれば、タイムスタンプがどちら側にあるかを指定することが可能です。この属性は、PEP 495 – Local Time Disambiguation[注1] により Python 3.6 から datetime オブジェクトに追加されています。リスト 4-8 に示すように、fold 属性は datetime がどちら側にあるかを指定します。

---

※注1
https://www.python.org/dev/peps/pep-0495/

●リスト 4-8：あいまいなタイムスタンプを明確化する

```
>>> import dateutil.tz
>>> import datetime
>>> localtz = dateutil.tz.gettz("Europe/Paris")
>>> utc = dateutil.tz.tzutc()
>>> confusing = datetime.datetime(2017, 10, 29, 2, 30, tzinfo=localtz)
>>> confusing.replace(fold=0).astimezone(utc)
datetime.datetime(2017, 10, 29, 0, 30, tzinfo=tzutc())
>>> confusing.replace(fold=1).astimezone(utc)
datetime.datetime(2017, 10, 29, 1, 30, tzinfo=tzutc())
```

　あいまいなタイムスタンプが発生するのはほんの短い間だけなので、この機能を使用しなければならないケースは滅多にありません。UTC を一貫して使用することは、開発作業を容易にし、タイムゾーンの問題にぶつからないようにするための効果的な対処法です。とはいえ、fold という属性が存在していて、そうした状況で dateutil が役立つことを知っておいて損はありません。

# 4.6　まとめ

　本章では、タイムスタンプにタイムゾーン情報を追加することがいかに重要であるかを確認しました。この点に関して組み込みの datetime モジュールは不完全ですが、dateutil モジュールがそれをうまく補ってくれます。dateutil モジュールは、サマータイムのあいまいさといった微妙な問題の解決にも役立ちます。

　ISO 8601 は、Python ですぐに利用できることに加えて、他のどのプログラミング言語との互換性もある規格です。このため、タイムスタンプのシリアライズとデシリアライズにとって申し分のない選択肢です。

5

# 第5章　ソフトウェアの配布

いつの日か自作のソフトウェアを配布したくなることは間違いないでしょう。コードを圧縮してそのままインターネットにアップロードしたくなるかもしれませんが、Pythonには、エンドユーザーがあなたのソフトウェアをうまく動作させるのに役立つツールが用意されています。すでにsetup.pyを使ってPythonアプリケーションやPythonライブラリをインストールすることにすっかり慣れていると思いますが、その内部がどうなっているのか、あるいはsetup.pyを独自に作成するにはどうすればよいのかについて調べたことはないのではないでしょうか。

本章では、setup.pyの歴史、setup.pyの仕組み、そしてsetup.pyを独自に作成する方法について説明します。続いて、パッケージインストールツールであるpipのよく知られていない機能と、独自のソフトウェアをpipでダウンロードできるようにする方法を調べます。そして最後に、Pythonのエントリポイントを使ってプログラム間で関数を見つけやすくする方法を確認します。これらのスキルを身につければ、公開したソフトウェアをエンドユーザーが確実に利用できるようになります。

# 5.1　setup.py の略史

distutils ライブラリは、ソフトウェア開発者の Greg Ward によって作成されたもので、1998 年から Python の標準ライブラリに含まれています。Ward が考えていたのは、エンドユーザーのインストールプロセスを開発者が自動化するための簡単な方法を作成することでした。各パッケージにインストール用の標準の Python スクリプトとして setup.py ファイルを用意すると、distutils を使ってそのパッケージをインストールできるようになります（リスト 5-1）。

●リスト 5-1：distutils を使って setup.py を作成する

```
#!/usr/bin/python
from distutils.core import setup

setup(name="rebuildd",
      description="Debian packages rebuild tool",
      author="Julien Danjou",
      author_email="acid@debian.org",
      url="http://julien.danjou.info/software/rebuildd.html",
      packages=['rebuildd'])
```

setup.py ファイルをプロジェクトのルートとして設定しておけば、そのソフトウェアをビルドまたはインストールするためにユーザーが実行しなければならないのは、適切なコマンドを実行し、このファイルを引数として渡すことだけになります。配布物に Python の組み込みモジュールに加えて C のモジュールが含まれていたとしても、distutils はそれらを自動的に処理できます。

distutils の開発は 2000 年に打ち切られ、それ以降は他の開発者たちが後を引き継いでいます。その注目すべき後継ツールの 1 つは、setuptools というパッケージ管理ライブラリです。setuptools は頻繁に更新されており、依存関係の自動処理、egg 配布フォーマット、easy_install コマンドなどの高度な機能を提供しています。setuptools の開発段階では、distutils がまだソフトウェアをパッケージ化するための有効な手段として標準ライブラリに含まれていたため、setuptools にはあ

る程度 distutils との互換性がありました。リスト 5-2 は、setuptools を使ってリスト 5-1 と同じインストールパッケージをビルドする方法を示しています。

●リスト 5-2：setuptools を使って setup.py を作成する

```python
#!/usr/bin/env python
import setuptools

setuptools.setup(
    name="rebuildd",
    version="0.2",
    author="Julien Danjou",
    author_email="acid@debian.org",
    description="Debian packages rebuild tool",
    license="GPL",
    url="http://julien.danjou.info/software/rebuildd/",
    packages=['rebuildd'],
    classifiers=[
        "Development Status :: 2 - Pre-Alpha",
        "Intended Audience :: Developers",
        "Intended Audience :: Information Technology",
        "License :: OSI Approved :: GNU General Public License (GPL)",
        "Operating System :: OS Independent",
        "Programming Language :: Python"
    ],
)
```

　最終的には、setuptools の開発ペースも落ちていきましたが、別の開発者グループが setuptools をフォークし、distribute という新しいライブラリを作成するまでそれほど時間はかかりませんでした。distribute は、バグが少ないことや Python 3 のサポートを含め、setuptools にはない利点をいくつか備えていました。

　ところが、事態は思わぬ結末を迎えます。2013 年 3 月、オリジナルの setuptools プロジェクトの後押しを受け、setuptools と distribute をそれぞれ管理していたチームがコードベースを統合することを決めたのです。このため、distribute は非推奨となり、高度な Python インストールに対処するより標準的な手段として setuptools が返り咲くことになりました。

　その一方で、標準ライブラリの distutils を完全に置き換えることを目的として、distutils2 という別のプロジェクトの開発が進んでいました。distutils や setuptools とは異なり、distutils2 はパッケージのメタデータを開発者にとって書きやすく外部ツールからも読みやすい setup.cfg というテキストファイルに格納していました。しかし、イマイチなコマンドベースの設計や、Windows でのエントリポイントやネイティブスクリプト実行のサポートがないことなど、distutils2 は distutils の欠点の一部も引き継いでいました（setuptools では、どちらもサポートされます）。これらを始めとするさまざまな理由により、distutils2 を packaging に改名して Python 3.3 の標準ライブラリに組み込む計画は頓挫し、このプロジェクトは 2012 年に打ち切られました。

　ただし、distutils を置き換える新進気鋭の取り組みである distlib[注1] により、packaging が焼け跡からよみがえる可能性は捨てきれません。distlib パッケージがリリースされる前は、Python 3.4 で標準ライブラリの一部になると噂されていましたが、それは実現しませんでした。packaging の選りすぐりの機能を含んでいる distlib は、パッケージ関連の PEP で定められている基本原理を実装しています。

　次に、ここまでの部分を簡単にまとめておきます。

- distutils は Python の標準ライブラリの一部であり、単純なパッケージインストールを処理できる。
- setuptools は高度なパッケージインストールの標準であり、一度は非推奨となったが、開発が再び活発化しており、デファクトスタンダードとなっている。
- distribute はバージョン 0.7 の時点で setuptools に統合されている。distutils2（別名 packaging）は打ち切りとなっている。
- distlib は将来的に distutils に取って代わるかもしれない。

　パッケージ管理ライブラリは他にも存在しますが、最もよく目にするのは、これらの 5 つのライブラリです。また、これらのライブラリをインターネットで検索するときには注意が必要です。前述したような複雑な歴史のために、大半のドキュメントは古くなっているからです。ただし、公式ドキュメントには最新情報が含まれています。

　総括すると、当面は配布ライブラリとして setuptools を使用すべきですが、将来に備えて distlib にも目を光らせておきましょう。

---

※注1
https://readthedocs.org/projects/distlib/

# 5.2　setup.cfg によるパッケージ管理

　おそらく、パッケージ用の setup.py を作成しようとしたことがすでにあるはずです。別のプロジェクトから setup.py をコピーしたのかもしれませんし、ドキュメントにざっと目を通して自分で作成したのかもしれません。setup.py の作成は直感的なタスクではありません。正しいツールを選択することは、最初の課題に過ぎないのです。ここでは、setuptools に対する最近の改善点の1つである setup.cfg ファイルのサポートを紹介しましょう。

　setup.cfg ファイルを使用する setup.py は、次のようになります。

```
import setuptools

setuptools.setup()
```

　コードはたった2行です。単純ですね。セットアップに必要な実際のメタデータは setup.cfg に含まれています（リスト 5-3）。

●リスト 5-3：setup.cfg のメタデータ

```
[metadata]
name = foobar
author = Dave Null
author-email = foobar@example.org
license = MIT
long_description = file: README.rst
url = http://pypi.python.org/pypi/foobar
requires-python = >=2.6
classifiers =
    Development Status :: 4 - Beta
    Environment :: Console
    Intended Audience :: Developers
    Intended Audience :: Information Technology
```

```
License :: OSI Approved :: Apache Software License
Operating System :: OS Independent
Programming Language :: Python
```

　このように、`setup.cfg` は `distutils2` に直接ヒントを得た読み書きしやすいフォーマットを使用します。Sphinx や wheel といった他のツールの多くも、この `setup.cfg` ファイルから構成情報を読み取ります。これだけでも、`setup.cfg` を使い始める理由として十分です。

　リスト 5-3 では、プロジェクトの説明を `README.rst` ファイルから読み取っています。常に（できれば RST フォーマットの）README ファイルを使用するのは、よいプラクティスです。そのようにすると、そのプロジェクトがどのようなものであるかをユーザーがすばやく理解できるようになります。これらの基本的な `setup.py` ファイルと `setup.cfg` ファイルさえあれば、パッケージを公開して他の開発者やアプリケーションに提供する準備は万全です。なお、インストールプロセスに追加のステップがある、あるいはパッケージにさらにファイルを追加したいなど、他にも情報が必要な場合は `setuptools` のドキュメントで調べてみてください。

　**pbr**（Python Build Reasonableness）も便利なパッケージ管理ツールの1つです。このプロジェクトは、パッケージのインストールとデプロイを容易にするための `setuptools` の拡張として、OpenStack で始まりました。pbr を `setuptools` と併せて使用すると、`setuptools` にはない次のような機能が実装されます。

- Sphinx ドキュメントの自動生成
- git の履歴に基づく AUTHORS ファイルと ChangeLog ファイルの自動生成
- git のファイルリストの自動生成
- セマンティックバージョニングを使った git のタグに基づくバージョン管理

　これらの機能のために、開発者は、ほとんど何もする必要はありません。pbr を使用するには、リスト 5-4 のように有効にすればよいだけです。

●リスト 5-4：pbr を使用する setup.py

```
import setuptools

setuptools.setup(setup_requires=['pbr'], pbr=True)
```

setup_requires パラメータは、setuptools を使用する前に pbr がインストールされていなければ
ならないことを setuptools に伝えます。pbr=True 引数は、setuptools の pbr 拡張が読み込まれ、
呼び出されるようにします。

pbr が有効になると、python setup.py コマンドが pbr の機能によって拡張されます。たとえば、
python setup.py -version を呼び出すと、既存の git タグに基づいてプロジェクトのバージョン番
号が返されます。python setup.py sdist を実行すると、ソース tarball が作成され、ChangeLog ファ
イルと AUTHORS ファイルが自動的に生成されます。

# 5.3　wheel：配布フォーマット標準

　Pythonが誕生してからほとんどの期間にわたって、公式の標準配布フォーマットは存在しませんでした。さまざまな配布ツールはたいてい共通のアーカイブフォーマットを使用しますが ―― setuptoolsによって導入されたeggフォーマットでさえ、別の拡張子を使用するZipファイルに過ぎません ―― それらのメタデータとパッケージの構造には互換性がありません。PEP 376[注2]でついに公式のインストール標準が定義されましたが、やはり既存のフォーマットとの互換性がなかったため、この問題に拍車をかけることになりました。

　こうした問題を解決するために、wheelというPython配布パッケージ用の新しい標準を定義するPEP 427[注3]が作成されました。このフォーマットのリファレンス実装は、同じwheelという名前のツールとして提供されています。

　wheelはpipのバージョン1.4以降でサポートされています。setuptoolsを使用していて、wheelパッケージがインストールされている場合は、bdist_wheelという名前のsetuptoolsコマンドとして自動的に統合されます。wheelパッケージがインストールされていない場合は、pip install wheelコマンドを使ってインストールできます。リスト5-5は、bdist_wheelコマンドを呼び出したときの出力の一部を示しています（ページの都合上、出力の一部を省略しています）。

●リスト5-5：setup.py bdist_wheel の呼び出し

```
$ python setup.py bdist_wheel
running bdist_wheel
running build
running build_py
creating build/lib
creating build/lib/daiquiri
creating build/lib/daiquiri/tests
copying daiquiri/tests/__init__.py -> build/lib/daiquiri/tests
...
```

---

※注2
https://www.python.org/dev/peps/pep-0376/

※注3
https://www.python.org/dev/peps/pep-0427/

```
  running egg_info
  creating daiquiri.egg-info
  writing daiquiri.egg-info/PKG-INFO
  writing dependency_links to daiquiri.egg-info/dependency_links.txt
  writing requirements to daiquiri.egg-info/requires.txt
  writing top-level names to daiquiri.egg-info/top_level.txt
  writing pbr to daiquiri.egg-info/pbr.json
  writing manifest file daiquiri.egg-info/SOURCES.txt'
  installing to build/bdist.macosx-10.12-x86_64/wheel
  running install
  running install_lib
  ...
  running install_scripts
  creating build/bdist.macosx-10.12-x86_64/wheel/daiquiri-1.3.0.dist-info/WHEEL
❶ creating 'dist/daiquiri-1.3.0-py2.py3-none-any.whl' and adding '.' to it
  adding 'daiquiri/__init__.py'
  adding 'daiquiri/formatter.py'
  adding 'daiquiri/handlers.py'
  ...
```

　bdist_wheel コマンドは dist ディレクトリに .whl ファイルを作成します（❶）。egg フォーマット
と同様に、wheel アーカイブは別の拡張子を使用する Zip ファイルに過ぎません。ただし、wheel アー
カイブはインストールが不要です。モジュールの名前に続いてスラッシュ（/）を追加するだけで、コー
ドを読み込んで実行できます。

```
$ python wheel-0.21.0-py2.py3-none-any.whl/wheel -h
usage: wheel [-h]

            {keygen,sign,unsign,verify,unpack,install,install-scripts,convert,help}
            ...

positional arguments:
...
```

　これが wheel フォーマット自体の機能ではないと知ったら驚くかもしれません。Java の .jar ファ
イルと同様に、Python は通常の Zip ファイルも実行できます。

```
python foobar.zip
```

これは、次のコードと同じ意味です。

```
PYTHONPATH=foobar.zip python -m __main__
```

つまり、プログラムの `__main__` モジュールが `__main__.py` から自動的にインポートされます。また、指定したモジュールから `__main__` をインポートすることもできます。wheel の場合と同様に、モジュール名の後にスラッシュを追加します。

```
python foobar.zip/mymod
```

これは、次のコードに相当します。

```
PYTHONPATH=foobar.zip python -m mymod.__main__
```

wheel の利点の1つは、その命名規則に基づいて、配布物が特定のアーキテクチャや Python 実装（CPython、PyPy、Jython など）をターゲットにしているかどうかを指定できることです。C で書かれたモジュールを配布する必要がある場合は、これが特に役立ちます。

デフォルトでは、wheel パッケージはそれらのビルドに使用された Python のメジャーバージョンに紐付けられます。`python2 setup.py bdist_wheel` で呼び出された場合、wheel のファイル名パターンは `library-version-py2-none-any.whl` のようなものになります。

配布するコードに Python のすべてのメジャーバージョン（つまり、Python 2 と Python 3）との互換性がある場合は、すべてのバージョン共通の wheel をビルドできます。

```
python setup.py bdist_wheel --universal
```

結果として得られるファイルの名前は、`library-version-py2.py3-none-any.whl` のように、Python のメジャーバージョンを両方とも含んだものになるはずです。全バージョン共通の wheel を作成すれば、1 つの wheel で Python の両方のメジャーバージョンをカバーできる場合に、2 種類の wheel を作成せずに済みます。

　wheel を作成するたびに `--universal` フラグを指定するのが煩わしい場合は、`setup.cfg` ファイルに次のコードを追加するとよいでしょう。

```
[bdist_wheel]
universal = 1
```

　ビルドする wheel に（C で書かれた Python 拡張のように）バイナリプログラムやライブラリが含まれている場合、バイナリの wheel には思ったほど移植性がないかもしれません。デフォルトでは Darwin（macOS）や Microsoft Windows といった一部のプラットフォームで動作するとしても、すべての Linux ディストリビューションで動作するとは限りません。PEP 513[注4] では、このような Linux の問題に対処するために、`manylinux1` という新しいプラットフォームタグと、このプラットフォーム上で利用できることが保証されている最小限のライブラリを定義しています。

　wheel は、すぐにインストールできる状態のライブラリやアプリケーションを配布するのに最適なフォーマットであるため、それらをビルドして PyPI にアップロードすることも推奨されます。

---

※注4
https://www.python.org/dev/peps/pep-0513/

# 5.4 カスタムソフトウェアを公開する

setup.py ファイルを正しく作成したら、配布可能なソース tarball をビルドするのは簡単です。ま さにそれを行うのが、リスト 5-6 に示す setuptools の sdist コマンドです。

●リスト 5-6：setup.py sdist を使ってソース tarball をビルドする

```
$ python setup.py sdist
running sdist
...
[pbr] Generating AUTHORS (0.0s)
running egg_info
writing ceilometer.egg-info/PKG-INFO
writing dependency_links to ceilometer.egg-info/dependency_links.txt
writing requirements to ceilometer.egg-info/requires.txt
writing top-level names to ceilometer.egg-info/top_level.txt
writing pbr to ceilometer.egg-info/pbr.json
[pbr] Processing SOURCES.txt
[pbr] In git context, generating filelist from git
warning: no previously-included files matching '*.pyc' found anywhere in distribution
writing manifest file 'ceilometer.egg-info/SOURCES.txt'
running check
creating ceilometer-2014.1.a6.g772e1a7
...
copying setup.cfg -> ceilometer-2014.1.a6-g772e1a7
...
Writing ceilometer-2014.1.a6-g772e1a7/setup.cfg
Creating tar archive
removing 'ceilometer-2014.1.a6-g772e1a7' (and everything under it)
```

sdist コマンドは、ソースツリーの dist ディレクトリの下に tarball を作成します。この tarball に は、ソースツリーの一部である Python モジュールがすべて含まれています。前節で説明したように、 bdist_wheel コマンドを使って wheel アーカイブをビルドすることも可能です。wheel アーカイブは すでにインストールできる形式になっているため、インストールに必要な時間が少し短くなります。

このコードを公開するための最後のステップは、ユーザーが pip を使ってインストールできる場所にパッケージをエクスポートすることです。つまり、プロジェクトを PyPI にアップロードするわけです。

　PyPI へのエクスポートが初めての場合は、本番サーバーではなく、安全なサンドボックスでアップロードプロセスをテストしておくとよいでしょう。このテストには、PyPI ステージングサーバーを使用できます。PyPI ステージングサーバーはメインインデックスと同じ機能をすべて備えていますが、テスト専用の環境です。

　最初のステップは、テストサーバーにプロジェクトを登録することです。まず、~/.pypirc ファイルを開いて次の行を追加します。

```
[distutils]
index-servers =
    testpypi

[testpypi]
repository = https://test.pypi.org/legacy/
username = <ユーザー名>
password = <パスワード>
```

.pypirc ファイルを保存したら、テストサーバーにプロジェクトを登録してみましょう。

```
$ python setup.py register -r testpypi
running register
running egg_info
writing ceilometer.egg-info/PKG-INFO
writing dependency_links to ceilometer.egg-info/dependency_links.txt
writing requirements to ceilometer.egg-info/requires.txt
writing top-level names to ceilometer.egg-info/top_level.txt
writing pbr to ceilometer.egg-info/pbr.json
[pbr] Reusing existing SOURCES.txt
[pbr] In git context, generating filelist from git
writing manifest file 'ceilometer.egg-info/SOURCES.txt'
running check
Registering ceilometer to https://test.pypi.org/legacy
Server response (200): OK
```

2章

3章

4章

**5章**

6章

7章

8章

9章

10章

11章

12章

13章

これにより、PyPI のテストサーバーへの接続が確立され、新しいエントリが作成されます。-r オプションは忘れずに指定してください。このオプションを忘れると、PyPI の本番サーバーが使用されてしまいます。

同じ名前のプロジェクトがすでに登録されている場合、このプロセスは当然ながら失敗します。新しい名前でもう一度試してみて、プロジェクトが登録されて OK レスポンスが返されたら、ソース tarball をアップロードできます（リスト 5-7）。

●リスト 5-7：tarball を PyPI にアップロードする

```
$ python setup.py sdist upload -r testpypi
running sdist
[pbr] Writing ChangeLog
[pbr] Generating AUTHORS
running egg_info
writing ceilometer.egg-info/PKG-INFO
writing dependency_links to ceilometer.egg-info/dependency_links.txt
writing requirements to ceilometer.egg-info/requires.txt
writing top-level names to ceilometer.egg-info/top_level.txt
writing pbr to ceilometer.egg-info/pbr.json
[pbr] Processing SOURCES.txt
[pbr] In git context, generating filelist from git
warning: no previously-included files matching '*.pyc' found anywhere in distribution
writing manifest file 'ceilometer.egg-info/SOURCES.txt'
running check
creating ceilometer-2014.1.a6.g772e1a7
...
copying setup.cfg -> ceilometer-2014.1.a6.g772e1a7
...
Writing ceilometer-2014.1.a6.g772e1a7/setup.cfg
Creating tar archive
removing 'ceilometer-2014.1.a6.g772e1a7' (and everything under it)
running upload
Submitting dist/ceilometer-2014.1.a6.g772e1a7.tar.gz to https://test.pypi.org/legacy
Server response (200): OK
```

あるいは、wheel アーカイブをアップロードすることもできます（リスト 5-8）。

●リスト 5-8：wheel アーカイブを PyPI にアップロードする

```
$ python setup.py bdist_wheel upload -r testpypi
running bdist_wheel
running build
running build_py
running egg_info
writing ceilometer.egg-info/PKG-INFO
writing dependency_links to ceilometer.egg-info/dependency_links.txt
writing requirements to ceilometer.egg-info/requires.txt
writing top-level names to ceilometer.egg-info/top_level.txt
writing pbr to ceilometer.egg-info/pbr.json
[pbr] Processing SOURCES.txt
[pbr] In git context, generating filelist from git
installing to build/bdist.linux-x86_64/wheel
running install
...
running install_lib
creating build/bdist.linux-x86_64/wheel
...
creating build/bdist.linux-x86_64/wheel/ceilometer-2014.1.a6.g772e1a7.dist-info/WHEEL
...
running upload
Submitting dist/ceilometer-2014.1.a6.g772e1a7-py27-none-any.whl to https://test.pypi.org/
legacy
Server response (200): OK
```

これらの処理が完了した後は、あなたと他のユーザーが PyPI のテストサーバーでアップロードされたパッケージを検索できるようになります。また、pip を使ってそれらのパッケージをインストールすることもできます。その場合は、-i オプションを使ってテストサーバーを指定します。

```
$ pip install -i https://test.pypi.org/simple/ ceilometer
```

すべて問題ないことを確認したら、プロジェクトを PyPI のメインサーバーにアップロードできます。その前に、~/.pypirc ファイルにクレデンシャルとサーバー情報が追加されていることを確認してください。

```
[distutils]
index-servers =
    pypi
    testpypi

[pypi]
username = <ユーザー名>
password = <パスワード>

[testpypi]
repository = https://test.pypi.org/legacy/
username = <ユーザー名>
password = <パスワード>
```

あとは、-r pypi スイッチを指定して register と upload を実行すると、パッケージが PyPI にアップロードされるはずです。

 PyPI のインデックスにはソフトウェアの複数のバージョンを保存できるため、必要であれば、特定のバージョンや古いバージョンをインストールすることも可能です。たとえば、pip install foobar==1.0.2 のように、pip install コマンドにバージョン番号を渡すだけです。

PyPI へのアップロードプロセスは簡単で、何回でもアップロードできます。開発者はソフトウェアのリリースを自分の好きなペースで実施でき、ユーザーはインストールや更新を必要に応じて行えます。

## 5.5　エントリポイント

　setuptools のエントリポイントを、そうとは知らずに使ったことがあるかもしれません。setuptools を使って配布されるソフトウェアには、必要な依存パッケージなどを説明する重要なメタデータと、本節のテーマである**エントリポイント**（entry point）のリストが含まれています。エントリポイントは、パッケージによって提供される動的な機能を他の Python プログラムで検出するための手段です。

　次の例は、rebuildd という名前のエントリポイントを console_scripts エントリポイントグループで提供する方法を示しています。

```python
#!/usr/bin/python
from distutils.core import setup

setup(name="rebuildd",
    description="Debian packages rebuild tool",
    author="Julien Danjou",
    author_email="acid@debian.org",
    url="http://julien.danjou.info/software/rebuildd.html",
    entry_points={
        'console_scripts': [
            'rebuildd = rebuildd:main',
        ],
    },
    packages=['rebuildd'])
```

　エントリポイントは、どの Python パッケージでも登録できます。エントリポイントはグループにまとめられ、各グループはキーと値のペアからなるリストで構成されます。それらのペアは<モジュールへのパス>:<変数名>というフォーマットを使用します。先の例では、キーは rebuildd、値は rebuildd:main になります。

　後ほど見ていくように、エントリポイントのリストは、setuptools から epi まで、さまざまなツールを使って操作できます。以降の項では、エントリポイントを使ってソフトウェアに拡張性を持たせる方法を紹介します。

## エントリポイントを可視化する

　パッケージで利用可能なエントリポイントを可視化する最も簡単な方法は、entry point inspector というパッケージを使用することです。このパッケージは pip install entry-point-inspector でインストールできます。インストールが完了すると、epi というコマンドが使えるようになります。このコマンドをターミナルから実行すると、インストール済みのパッケージによって提供されるエントリポイントを対話形式で検出できます。リスト 5-9 は、epi group list を実行した結果を示しています。

●リスト 5-9：エントリポイントグループのリストを取得する

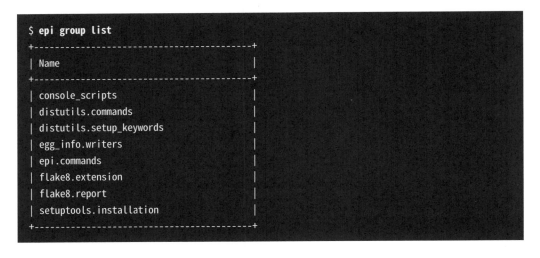

```
$ epi group list
+----------------------------------------+
| Name                                   |
+----------------------------------------+
| console_scripts                        |
| distutils.commands                     |
| distutils.setup_keywords               |
| egg_info.writers                       |
| epi.commands                           |
| flake8.extension                       |
| flake8.report                          |
| setuptools.installation                |
+----------------------------------------+
```

　リスト 5-9 の epi group list の出力は、システムのパッケージのうち、エントリポイントを提供するさまざまなパッケージを示しています。このリストに示されているのは、エントリポイントグループの名前です。このリストに含まれている console_scripts については、後ほど説明します。epi コマンドで show コマンドを使用すると、特定のエントリポイントグループの詳細を表示できます（リスト 5-10）※訳注1。

---

※訳注1
EXTRANEOUS_WHITESPACE_REGEX 関連の FutureWarning が発生することがある。

●リスト 5-10：エントリポイントグループの詳細を表示する

```
$ epi group show console_scripts
+----------+----------+--------+--------------+-------+
| Name     | Module   | Member | Distribution | Error |
+----------+----------+--------+--------------+-------+
| coverage | coverage | main   | coverage 3.4 |       |
...

+----------+----------+--------+--------------+-------+
```

console_scripts グループの coverage というエントリポイントが coverage モジュールの main メンバーを参照していることがわかります。coverage 3.4 パッケージ[※訳注2] パッケージによって提供されるエントリは、コマンドラインスクリプト coverage の実行時にどの Python 関数が呼び出されるのかを示します。この場合は、coverage.main 関数が呼び出されます。

epi コマンドは、完全な Python ライブラリ pkg_resources の上にある薄い層に過ぎません。pkg_resources を利用すれば、任意の Python ライブラリ／プログラムのエントリポイントを検出できます。後ほど見ていくように、エントリポイントはコンソールスクリプトや動的コード検出など、さまざまな目的に対して有用です。

## コンソールスクリプトを使用する

Python アプリケーションを作成するときには、ほぼ例外なく、実行可能プログラムを提供しなければなりません。実行可能プログラムとは、エンドユーザーが実行できる Python スクリプトのことであり、システムパス上のディレクトリにインストールされる必要があります。

ほとんどのプロジェクトには、次に示すような実行可能プログラムが含まれています。

```
#!/usr/bin/python
import sys
import mysoftware

mysoftware.SomeClass(sys.argv).run()
```

---

※訳注2
2020 年 4 月時点の coverage パッケージの最新バージョンは 5.1 であり、モジュール名として coverage ではなく coverage.cmdline が出力される。

　これはあくまでも理想的なスクリプトであり、多くのプロジェクトでは、これよりもずっと長いスクリプトがシステムパスにインストールされます。ただし、そうしたスクリプトは大きな課題を突き付けます。

- Python インタープリタがどこにあるのか、またはどのバージョンを使用するのかをユーザーが把握する手段がない。
- このスクリプトは、外部から実行できるため、ソフトウェアやユニットテストでインポートできないバイナリコードをリークする。
- このスクリプトのインストール先を定義する簡単な方法がない。
- 移植性の高い方法で（たとえばUnixとWindowsの両方に）インストールする明確な手段がない。

　setuptools には、これらの問題を回避するのに役立つ console_scripts 機能があります。このエントリポイントを利用すれば、カスタムモジュールの1つで特定の関数を呼び出す小さなプログラムを、setuptools によってシステムパスにインストールできます。このプログラムを起動する関数呼び出しを指定するには、console_scripts エントリポイントグループにキーと値のペアを追加します。キーはインストールの対象となるスクリプトの名前、値は関数への Python パス（my_module.main など）です※監訳注1。

　たとえば、クライアントとサーバーで構成される foobar というプログラムがあるとしましょう。クライアント部分とサーバー部分は、それぞれモジュール（foobar.client、foobar.server）に記述されます。foobar/client.py の内容は次のようになります。

```
def main():
    print("Client started")
```

　そして、foobar/server.py の内容は次のようになります。

---

※監訳注1
PYTHON パスとは、起動時に決まる Python が持つパスを指す。

```
def main():
    print("Server started")
```

　もちろん、このプログラムはたいしたことを行いません。このクライアントとサーバーは対話すら
しません。この例では、メッセージを出力して、クライアントとサーバーが正常に起動していること
を知らせるだけです。
　ここで、ルートディレクトリに次のような setup.py ファイルを作成し、そこにエントリポイント
を定義できます。

```
from setuptools import setup

setup(
    name="foobar",
    version="1",
    description="Foo!",
    author="Julien Danjou",
    author_email="julien@danjou.info",
    packages=["foobar"],
    entry_points={
        "console_scripts": [
❶          "foobard = foobar.server:main",
            "foobar = foobar.client:main",
        ],
    },
)
```

　エントリポイントは、<モジュール>.<サブモジュール>:<関数>形式で定義します。ここでは、
client と server のそれぞれでエントリポイントを定義しています（❶）。
　python setup.py install を実行すると、setuptools によってリスト5-11に示すようなスクリプ
トが作成されます。

● リスト 5-11：setuptools によって生成されるコンソールスクリプト

```
#!/usr/bin/python
# EASY-INSTALL-ENTRY-SCRIPT: 'foobar==1','console_scripts','foobar'
__requires__ = 'foobar==1'
import sys
from pkg_resources import load_entry_point


if __name__ == '__main__':
    sys.exit(
        load_entry_point('foobar==1', 'console_scripts', 'foobar')()
    )
```

　このコードは、foobar パッケージのエントリポイントをスキャンし、console_scripts グループから foobar キーを取り出します。取り出したキーは、対応する関数を探し出して実行するために使用されます。load_entry_point の戻り値は関数 foobar.client.main への参照となります。この関数は引数なしで呼び出され、その戻り値は終了コードとして使用されます。

　このコードが Python プログラム内でエントリポイントを検索して読み込むために pkg_resources を使用する点に注目してください。

> **NOTE**　setuptools で pbr を使用している場合、生成されるスクリプトは setuptools がビルドするデフォルトのスクリプトよりも単純になります。というのも、エントリポイントに記述された関数を呼び出すために実行時にエントリポイントを動的に検索する必要がないからで、その分高速になります。

　console_scripts を使用すると、移植可能なスクリプトを記述する煩わしさから解放されます。しかも、コードが Python パッケージ内にとどまり、他のプログラムでインポート（およびテスト）できるようになります。

## プラグインとドライバを使用する

　エントリポイントを利用すれば、他のパッケージによってデプロイされたコードを検出して動的に読み込むことができますが、エントリポイントの用途はそれだけではありません。エントリポイントとエントリポイントグループの提案と登録はどのアプリケーションでも可能であり、それらを必要に

応じて使用できます。

　ここでは、cron スタイルの pycrond というデーモンを作成します。このデーモンにより、pytimed グループにエントリポイントを追加することで、数秒おきに 1 回実行されるコマンドをどの Python プログラムでも登録できるようになります。このエントリポイントによって指定される属性は、seconds と callable を返す※監訳注2 オブジェクトでなければなりません。

　pycrond の実装を見てみましょう。この実装では、エントリポイントの検出に pkg_resources を使用します。このプログラムを pytimed.py と呼ぶことにします。

```python
import pkg_resources
import time

def main():
    seconds_passed = 0
    while True:
        for entry_point in pkg_resources.iter_entry_points('pytimed'):
            try:
                seconds, callable = entry_point.load()()
            except:
                # エラーを無視
                pass
            else:
                if seconds_passed % seconds == 0:
                    callable()
        time.sleep(1)
        seconds_passed += 1
```

　このプログラムは、pytimed グループの各エントリポイントを順番に処理する無限ループで構成されています。各エントリポイントは load メソッドを使って読み込まれます。そして、このプログラムは返されたメソッドを呼び出します。呼び出されたメソッドは、前述の callable と、その callable を呼び出す前に待機する時間（秒数）を返さなければなりません。

　pytimed.py のプログラムは非常に単純で安直な実装ですが、この例にはこれで十分です。次に、

---

※監訳注2
コードの try ブロック内の返り値を callable という変数に代入している。ただし、callable は組み込み関数であり、この関数内では組み込み関数の callable が上書きされてしまうため、本来的には他の変数名にするのが望ましい。

hello.py という別の Python プログラムを作成します。このプログラムの関数の 1 つを定期的に呼び出す必要があります。

```python
def print_hello():
    print("Hello, world!")

def say_hello():
    return 2, print_hello
```

その関数を定義したら、setup.py で適切なエントリポイントを使って登録します。

```python
from setuptools import setup

setup(
    name="hello",
    version="1",
    packages=["hello"],
    entry_points={
        "pytimed": [
            "hello = hello:say_hello",
        ],
    },)
```

setup.py スクリプトは、エントリポイントを pytimed グループに登録します。そのキーは hello であり、値は hello.say_hello 関数を指しています。たとえば pip install を使用するなど、setup.py を使ってこのパッケージをインストールすると、pytimed スクリプトが新たに追加されたエントリポイントを検出するはずです。

pytimed は、起動時に pytimed グループをスキャンし、hello というキーを見つけます。続いて、hello.say_hello 関数を呼び出し、2 つの値を取得します。1 つは、呼び出し間の待機時間（2 秒）であり、もう 1 つは呼び出しの対象となる関数（print_hello）です。このプログラムを実行すると、2 秒おきに画面上に "Hello, world!" が出力されます（リスト 5-12）。

●リスト 5-12：pytimed の実行

```
>>> import pytimed
>>> pytimed.main()
Hello, world!
Hello, world!
Hello, world!
...
```

　このメカニズムがもたらす可能性は計り知れません。ドライバシステム、フックシステム、そして拡張の簡単かつ汎用的な作成が可能になります。プログラムを作成するたびにこのメカニズムを手動で実装するのは手間がかかりますが、ありがたいことに、決まりきった退屈な部分を肩代わりしてくれる Python ライブラリがあります。

　stevedore ライブラリは、先の例で示したものと同じメカニズムに基づく動的なプラグインをサポートします。この例のユースケースはすでにかなり単純ですが、pytimed_stevedore.py スクリプトでさらに単純化できます。

```
from stevedore.extension import ExtensionManager
import time

def main():
    seconds_passed = 0
    extensions = ExtensionManager('pytimed', invoke_on_load=True)
    while True:
        for extension in extensions:
            try:
                seconds, callable = extension.obj
            except:
                # エラーを無視
                pass
            else:
                if seconds_passed % seconds == 0:
                    callable()
        time.sleep(1)
        seconds_passed += 1
```

　stevedore の ExtensionManager クラスは、エントリポイントグループのすべての拡張を読み込むための単純な手段を提供します。第 1 引数は名前です。第 2 引数の invoke_on_load=True は、エントリポイントグループで検出された関数がそれぞれ呼び出されるようにするためのものです。これにより、拡張の obj 属性を通じて結果に直接アクセスできるようになります。

　stevedore のドキュメントを調べてみると、拡張名や関数の結果に基づいて特定の拡張を読み込むなど、さまざまな状況に対処できるサブクラスが定義されていることがわかります。それらはすべて一般的に使用されているモデルであり、それらをプログラムに適用すれば、そうしたパターンを直接実装できます。

　たとえば、エントリポイントグループから拡張を 1 つだけ読み込んで実行したいとしましょう。リスト 5-13 に示すように、これには stevedore.driver.DriverManager クラスを利用します。

リスト 5-13：stevedore を使ってエントリポイントの拡張を 1 つだけ実行する

```
from stevedore.driver import DriverManager
import time

def main(name):
    seconds_passed = 0
    seconds, callable = DriverManager('pytimed', name, invoke_on_load=True).driver
    while True:
        if seconds_passed % seconds == 0:
            callable()
        time.sleep(1)
        seconds_passed += 1


main("hello")
```

　この場合は、拡張が 1 つだけ読み込まれ、名前で選択されます。このようにすると、拡張が 1 つだけプログラムによって読み込まれて使用される**ドライバシステム**をすばやく構築できます。

# 5.6 まとめ

　Python のパッケージ管理エコシステムの歴史は浮き沈みの激しいものでしたが、現在では、状況は落ち着いています。setuptools ライブラリはパッケージを管理するための完全なソリューションを提供します。コードを別のフォーマットに変換して PyPI にアップロードするだけではなく、エントリポイントを通じて他のソフトウェアやライブラリとの結び付きにも対処します。

# 5.7 Nick Coghlan、パッケージ管理について語る

　Nick Coghlan は Red Hat に在籍する Python コア開発者です。PEP 426（Metadata for Python Software Packages 2.0）を始めとするさまざまな PEP 提案を手掛けています。また、Python の生みの親であり、「Benevolent Dictator for Life」（優しい終身の独裁者）[訳注4] として言語仕様の最終決定権を持つ Guido van Rossum から委任を受けて「BDFL-Delegate」（代理人）として活動しています。

**Python のパッケージ管理ソリューション（distutils、setuptools、distutils2、distlib、bento、pbr など）はかなりの数に上りますが、そうした分断化や分裂の理由は何だと思いますか？**

　　簡単に言うと、ソフトウェアの公開、配布、統合は複雑な問題であり、さまざまなユースケースに合わせて複数の解決策が登場する余地が十分にあります。このことに関連して最近の講演で指摘したように、これは主に時期の問題です。さまざまなパッケージ管理ツールがソフトウェアディストリビューションの異なる時期に生まれています。

---

※訳注4
Guido van Rossum は、2018 年に Benevolent Dictator for Life からの引退を表明している。

**Python パッケージの新しいメタデータフォーマットを定義している PEP 426 は日が浅く、まだ受け入れられているとは言えません。現在のパッケージ管理問題に PEP 426 がどのように立ち向かうと思いますか？**

PEP 426 はもともと wheel フォーマットの定義の一部として始まったものですが、setuptools によって定義されている既存のメタデータフォーマットに wheel で対応できることに Daniel Holth が気付きました。そんなわけで、PEP 426 は、setuptools の既存のメタデータと、distutils2 やその他のパッケージ管理システム（RPM、npm など）のアイデアの一部を統合したものであり、既存のツールを取り巻く不満のいくつか（さまざまな種類の依存関係の明確な区別など）を解消します。

主な利点は PyPI の REST API であり、メタデータへのフルアクセスを実現すると同時に、配布ポリシーに準拠するパッケージをアップストリームメタデータから自動的に生成できます（そのはずです）。

**wheel フォーマットはどちらかといえば新しく、まだ広く使用されるには至っていませんが、前途有望に思えます。なぜ標準ライブラリに含まれていないのでしょうか？**

結論から言うと、標準ライブラリはパッケージ管理の標準にとってあまり適した場所ではありません。標準ライブラリの進化のペースは遅すぎますし、標準ライブラリの新しいバージョンに追加された機能は、Python のそれよりも前のバージョンでは使用できません。このため、今年の Python Language Summit では、distutils-sig でパッケージ関連の PEP の承認サイクル全体を管理できるように PEP のプロセスを調整しました。そして、python-dev は CPython の直接の変更に関わるような提案（pip のブートストラップなど）のみに関与することになりました。

**wheel パッケージの今後について聞かせてください。**

wheel を Linux 上で快適に使用できる状態にするには、まだいくつかの調整が必要です。ただし、pip では egg フォーマットに代わるものとして wheel が採用されています。これにより、仮想環境を高速に作成するためのビルドのローカルキャッシュが可能になります。そして、PyPI は wheel アーカイブのアップロードを Windows と macOS で許可しています。

# 6

# 第6章　ユニットテスト

多くの人は、ユニット（単体）テストを耐えがたく、時間のかかるものと考えています。テストに関するポリシーを定めていない人やプロジェクトも見受けられます。本章の内容は、読者がユニットテストの効果を理解していることを前提にしています。テストされないコードを書くことは、根本的に無駄な行為です。というのも、そのコードが動作することを確実に証明する手立てがないからです。納得がいく説明が必要なら、テスト駆動開発（TDD）のメリットを調べることから始めるとよいでしょう。

本章では、テストの単純化と自動化を可能にする、包括的なテストスイートの構築に使用できるPythonツールを取り上げます。これらのツールを使ってソフトウェアの信頼性を高め、不具合をなくすにはどうすればよいかがわかるでしょう。ここでは、再利用可能なテストオブジェクトの作成、テストの並列実行、テストされないコードの洗い出し、テストを整理された状態に保つための環境関数の使用、その他の効果的なプラクティスやアイデアを取り上げます。

# 6.1　テストの基礎

Python でのユニットテストの作成と実行は単純そのものです。このプロセスによる他への影響や作業の中断はなく、ユニットテストはあなたや他の開発者がソフトウェアのメンテナンスを行うにあたって大きな助けになるでしょう。ここでは、テストの基本中の基本について説明します。

## 単純なテスト

まず、テストの対象となるアプリケーションまたはライブラリの tests サブモジュールにテストをまとめる必要があります。このようにすると、テストをモジュールの一部として配布できるようになるため、ソースパッケージを使用しなくても（ソフトウェアがインストールされた後であっても）テストの実行や再利用が可能になります。テストをメインモジュールのサブモジュールにすれば、トップレベルの tests モジュールとしてうっかりインストールされてしまうということもなくなります。

テストツリーでもモジュールツリーと同じような階層を使用すると、テストが管理しやすくなります。つまり、mylib/foobar.py のコードをカバーするテストは、mylib/tests/test_foobar.py に格納されることになります。一貫した命名規則を使用すると、特定のファイルに関連するテストを簡単に見つけ出せるようになります。これ以上ないほど単純なユニットテストを見てみましょう（リスト6-1）。

●リスト 6-1：test_true.py の非常に単純なテスト

```
def test_true():
    assert True
```

このテストは、プログラムの振る舞いが期待どおりであることを検証するだけです。このテストを実行するには、test_true.py ファイルを読み込み、このファイルに定義されている test_true 関数を実行する必要があります。

とはいえ、テストするファイルや関数ごとにテストを作成して実行するというのは面倒です。単純な用途の小さなプロジェクトでは、pytest パッケージ[注1] が救いの手を差し伸べます。このパッケージを pip でインストールすると、pytest コマンドが利用できるようになります。このコマンドは、test_ で始まる名前のファイルをすべて読み込み、それらのファイルに含まれている test_ で始まる名前の関数をすべて実行します。

ソースツリーに test_true.py ファイルだけがある状態で pytest を実行すると、次のような出力が得られます。

```
$ pytest -v test_true.py
=============================== test session starts ===============================
platform darwin -- Python 3.8.1, pytest-5.3.2, py-1.8.0, pluggy-0.13.1 -- /usr/local/bin/python3
cachedir: .pytest_cache
rootdir: /Users/jd/Source/python-book/examples
collected 1 item

test_true.py::test_true PASSED                                              [100%]

================================ 1 passed in 0.01s ================================
```

-v オプションを指定すると、pytest が詳細モードに切り替わり、実行されたテストの名前を 1 行に 1 つずつ出力します。テストが失敗した場合は、失敗を知らせる出力に切り替わり、トレースバック全体が表示されます。

今度は失敗するテストを追加してみましょう（リスト 6-2）。

●リスト 6-2：test_true.py の失敗するテスト

```
def test_false():
    assert False
```

test_true.py ファイルを再び実行すると、次のような結果になります。

※注1
https://pypi.org/project/pytest/

```
$ pytest -v test_true.py
============================ test session starts ============================
platform darwin -- Python 3.8.1, pytest-5.3.2, py-1.8.0, pluggy-0.13.1 -- /usr/local/bin/pyth
on3
cachedir: .pytest_cache
rootdir: /Users/jd/Source/python-book/examples
collected 2 items

test_true.py::test_true PASSED                                          [ 50%]
test_true.py::test_false FAILED                                         [100%]

================================= FAILURES =================================
_____ test_false _____

    def test_false():
>       assert False
E       assert False

test_true.py:5: AssertionError
========================= 1 failed, 1 passed in 0.07s =========================
```

AssertionError 例外が送出されると、すぐにテストは失敗します。この assert テストは、その引数が偽（False、None、0 など）と評価されたときに AssertionError を送出します。他の例外が送出された場合、やはりテストはエラーになります。

単純ですね。確かに単純ですが、このアプローチは小さなプロジェクトの多くで使用されており、その効果は抜群です。そうしたプロジェクトでは、pytest 以外のツールやライブラリは必要ないため、単純な assert テストに検証を任せることができます。

より高度なテストを作成するようになると、失敗するテストのどこが間違っているのかを理解するのに pytest が役立つようになります。次のようなテストがあると考えてください。

```
def test_key():
    a = ['a', 'b']
    b = ['b']
    assert a == b
```

pytest を実行すると、次のような出力が得られます。

```
$ pytest test_true.py
============================ test session starts ============================
platform darwin -- Python 3.8.1, pytest-5.3.2, py-1.8.0, pluggy-0.13.1 -- /usr/local/bin/python3
rootdir: /Users/jd/Source/python-book/examples
collected 1 item

test_true.py F                                                          [100%]
================================== FAILURES ==================================
_____ test_key _____

    def test_key():
        a = ['a', 'b']
        b = ['b']
>       assert a == b
E       AssertionError: assert ['a', 'b'] == ['b']
E         At index 0 diff: 'a' != 'b'
E         Left contains one more item: 'b'
E         Use -v to get the full diff

test_true.py:10: AssertionError
=========================== 1 failed in 0.07s ===========================
```

この出力から、a と b が異なることと、このテストがパスしないことがわかります。また、a と b が厳密にどのように異なるのかも示されるため、テストやコードを修正しやすくなります。

## テストをスキップする

テストを実行できない場合は、おそらくそのテストをスキップしたいと考えるでしょう。たとえば、特定のライブラリの有無に基づいて、テストを条件付きで実行したいことがあります。その場合は、pytest.skip 関数を使用できます。この関数は、テストをスキップの対象としてマーキングし、次のテストに進みます。pytest.mark.skip デコレータは、デコレートされたテスト関数を無条件にスキップします。このため、テストを常にスキップする必要がある場合に使用します。これらの手法を用いてテストをスキップする方法は、リスト 6-3 のようになります。

1章
2章
3章
4章
5章
**6章**
7章
8章
9章
10章
11章
12章
13章

●リスト 6-3：テストをスキップする

```python
import pytest

try:
    import mylib
except ImportError:
    mylib = None

@pytest.mark.skip("Do not run this")
def test_fail():
    assert False

@pytest.mark.skipif(mylib is None, reason="mylib is not available")
def test_mylib():
    assert mylib.foobar() == 42

def test_skip_at_runtime():
    if True:
        pytest.skip("Finally I don't want to run it")
```

このテストを実行すると、次のような出力が得られます。

```
$ pytest -v test_skip.py
============================ test session starts ============================
platform darwin -- Python 3.8.1, pytest-5.3.2, py-1.8.0, pluggy-0.13.1 -- /usr/local/bin/pyth
on3
cachedir: .pytest_cache
rootdir: /Users/jd/Source/python-book/examples
collected 3 items

test_skip.py::test_fail SKIPPED                                         [ 33%]
test_skip.py::test_mylib SKIPPED                                        [ 66%]
test_skip.py::test_skip_at_runtime SKIPPED                             [100%]

============================ 3 skipped in 0.01s ============================
```

リスト6-3で実行されたテストの出力から、この場合はすべてのテストがスキップされたことがわかります。この情報をもとに、実行するつもりだったテストを誤ってスキップしたわけでないことを確認できます。

## 特定のテストを実行する

　pytestを使用するときには、テストの特定の部分だけを実行したいことがよくあります。実行したいテストを選択するには、pytestコマンドラインに引数としてディレクトリまたはファイルを指定します。たとえばpytest test_one.pyを実行すると、test_one.pyテストだけが実行されます。pytestには、引数としてディレクトリを渡すこともできます。その場合は、そのディレクトリが再帰的にスキャンされ、test_*.pyパターンとマッチするファイルがすべて実行されます。

　また、コマンドラインにフィルタを追加することもできます。リスト6-4に示すように、-k引数を使用すると、指定された名前にマッチするテストだけが実行されます

●リスト6-4：実行するテストを名前で絞り込む

```
$ pytest -v test_skip.py -k test_fail
============================== test session starts ==============================
platform darwin -- Python 3.8.1, pytest-5.3.2, py-1.8.0, pluggy-0.13.1 -- /usr/local/bin/pyth
on3
cachedir: .pytest_cache
rootdir: /Users/jd/Source/python-book/examples
collected 3 items / 2 deselected / 1 selected

test_skip.py::test_fail SKIPPED                                          [100%]

========================= 1 skipped, 2 deselected in 0.04s =========================
```

　実行するテストをフィルタリングする方法として、名前が常に最適であるとは限りません。一般に、開発者はテストを機能や種類ごとにグループ化しています。pytestには動的なマーキングシステムがあり、フィルタとして使用できるキーワードを使ってテストをマーキングできます。この方法でテストをマーキングするには、-mオプションを使用します。次に示すような2つのテストを定義しているとしましょう。

```
import pytest

@pytest.mark.dicttest
def test_something():
    a = ['a', 'b']
    assert a == a


def test_something_else():
    assert False
```

pytest で -m オプションを使用すると、これらのテストのうちの 1 つだけを実行できます[※訳注 1]。

```
$ pytest -v test_mark.py -m dicttest
============================== test session starts ===============================
platform darwin -- Python 3.8.1, pytest-5.3.2, py-1.8.0, pluggy-0.13.1 -- /usr/local/bin/pyth
on3
cachedir: .pytest_cache
rootdir: /Users/jd/Source/python-book/examples, infile: pytest.ini
collected 2 items / 1 deselected / 1 selected

test_mark.py::test_something PASSED                                          [100%]

============================ 1 passed, 1 deselected in 0.01s =====================
```

-m オプションはさらに複雑なクエリにも対応しており、マーキングされていないテストをすべて実行することもできます。

---

```
$ pytest test_mark.py -m 'not dicttest'
================================ test session starts ================================
platform darwin -- Python 3.8.1, pytest-5.3.2, py-1.8.0, pluggy-0.13.1 -- /usr/local/bin/pyth
on3
rootdir: /Users/jd/Source/python-book/examples, infile: pytest.ini
collected 2 items / 1 deselected / 1 selected


test_mark.py F                                                               [100%]


===================================== FAILURES =====================================
_____ test_something_else _____

    def test_something_else():
>       assert False
E       assert False

test_mark.py:10: AssertionError
============================ 1 failed, 1 deselected in 0.07s ============================
```

　この例では、dicttest としてマーキングされていないすべてのテスト（この場合は失敗した test_something_else テスト）が pytest によって実行されています。dicttest としてマーキングされている残りのテスト（test_something）は実行されないため、deselected として計上されています※監訳注1。

　pytest では、or、and、not キーワードからなる複雑な式も使用できるため、さらに高度なフィルタリングを行うことも可能です。

## 複数のテストを同時に実行する

　テストスイートの実行には時間がかかることがあります。大規模なソフトウェアプロジェクトでは、ユニットテストスイート全体の実行に数十分かかることも珍しくありません。デフォルトでは、pytest はすべてのテストを不特定の順序で連続的に実行します。ほとんどのコンピュータには複数の CPU が搭載されているため、テストの実行を複数の CPU に分担させると、多くの場合はテストセッションをスピードアップできます。

---

※監訳注1
ここでは、1つのテストケースが選択されずに実行されていないことが示されている。

pytest には、このアプローチに対処する pytest-xdist というプラグインがあります。このプラグインは pip でインストールできます。このプラグインをインストールすると、pytest のコマンドラインが拡張されて --numprocesses オプション（省略形は -n）が追加されます。このオプションは使用する CPU の数を引数として受け取ります。pytest -n 4 を実行すると、4 つの並列プロセスを使ってテストスイートが実行され、利用可能な CPU 間で負荷が分散されます。

CPU の数はコンピュータごとに異なるため、pytest-xdist では、値として auto キーワードを使用することもできます。その場合、pytest-xdist はコンピュータを調べて CPU の数を割り出し、同じ数のプロセスを起動します。

## フィクスチャ：テストで使用するオブジェクトを作成する

ユニットテストでは、テストを実行する前後に共通の命令を実行しなければならないことがよくあります。それらの命令は、特定のコンポーネントを使用するものになるでしょう。たとえば、アプリケーションの設定状態を表すオブジェクトが必要であるとしたら、そのオブジェクトが各テストの前に初期化され、テストの完了時にデフォルト値にリセットされるようにしたいと考えるはずです。同様に、テストで一時的に作成されるファイルを使用するとしたら、そのファイルはテストを開始する前に作成されていなければならず、テストが完了したら削除されなければなりません。これらのコンポーネントは**フィクスチャ**（fixture）と呼ばれ、テストの前に初期化され、テストが終了した後に削除されます。

pytest では、フィクスチャは単純な関数として定義されます。フィクスチャを使用するテストが目的のオブジェクトを使用できるようにするには、フィクスチャ関数が（1 つ以上の）オブジェクトを返さなければなりません。

単純なフィクスチャを見てみましょう。

```python
import pytest

@pytest.fixture
def database():
    return <何らかのデータベース接続>

def test_insert(database):
    database.insert(123)
```

database フィクスチャは、引数リストに database が含まれているテストによって自動的に使用されます。test_insert 関数は、database 関数の結果を第 1 引数として受け取り、その結果をあらゆる目的に使用します。フィクスチャをこのように使用すると、データベース初期化コードを何度も繰り返す必要がなくなります。

コードのテストに共通するもう 1 つの特徴は、テストがフィクスチャを使い終えたときの事後処理です。たとえば、データベース接続を閉じる必要があることが考えられます。フィクスチャをジェネレータとして実装すると、事後処理機能を追加できます（リスト 6-5）。

●リスト 6-5：事後処理機能

```python
import pytest

@pytest.fixture
def database():
    db = <何らかのデータベース接続>
    yield db
    db.close()


def test_insert(database):
    database.insert(123)
```

yield キーワードを使用し、database をジェネレータとして実装したので、yield 文の後のコードはテストが完了したときに実行されます。そのコードはテストの終了時にデータベース接続を閉じます。

ただし、同じデータベース接続を複数のテストで再利用できるかもしれないので、テストのたびにデータベース接続を閉じると無駄なランタイムコストが発生する可能性があります。その場合は、フィクスチャデコレータに scope パラメータを渡して、フィクスチャのスコープを指定するとよいでしょう。

```python
import pytest

@pytest.fixture(scope="module")
def database():
    db = <何らかのデータベース接続>
    yield db
    db.close()
```

```
def test_insert(database):
    database.insert(123)
```

　scope="module" パラメータを指定すると、フィクスチャがモジュール全体に対して初期化され、データベース接続を要求するすべてのテスト関数に同じデータベース接続が渡されるようになります。

　さらに、テスト関数ごとにフィクスチャを引数として指定する代わりに、autouse キーワードを使って**自動的に使用される**というマークをフィクスチャに付けておくと、テストの前後に共通のコードを実行できるようになります。pytest.fixture 関数に autouse=True キーワード引数を指定すると、そのモジュールまたはクラスのテストを実行する前に、そのフィクスチャが呼び出されるようになります。

```
import os
import pytest

@pytest.fixture(autouse=True)
def change_user_env():
    curuser = os.environ.get("USER")
    os.environ["USER"] = "foobar"
    yield
    os.environ["USER"] = curuser

def test_user():
    assert os.getenv("USER") == "foobar"
```

　機能が自動的に有効になるのは便利ですが、フィクスチャはくれぐれも慎重に使用してください。フィクスチャはそれらのスコープによってカバーされるあらゆるテストの前に実行されるため、テストの実行速度を大幅に低下させることがあるからです。

## テストシナリオを実行する

　ユニットテストを実行するときには、同じエラーを引き起こす何種類かのオブジェクトで同じエラー処理をテストしたい場合や、テストスイート全体をさまざまなドライバに対して実行したい場合があるかもしれません。

時系列データベースである **Gnocchi**[注2] の開発では、この2つ目のアプローチに大きく依存することになりました。Gnocchi は、**ストレージ API** と呼ばれる抽象クラスを提供します。この抽象ベースを Python クラスで実装すれば、そのクラスをドライバとして登録できます。ソフトウェア側では、設定済みのストレージドライバを必要なときに読み込み、実装されたストレージ API を使ってデータの格納や取得を行います。この場合、すべてのドライバが呼び出し元の期待に確実に応えるようにするには、各ドライバに対して実行される —— つまり、このストレージ API の実装ごとに実行されるユニットテストが必要になります。

これを実現する簡単な方法は、**パラメータ化されたフィクスチャ**を使用することです。パラメータ化されたフィクスチャは、それらを使用するすべてのテストを、定義されたパラメータごとに1回、合計で複数回実行します。リスト6-6は、パラメータ化されたフィクスチャを使用する例を示しています。この例では、パラメータ化されたフィクスチャを使って、1つのテストを異なるパラメータで2回実行します。1回目のパラメータは mysql、2回目のパラメータは postgresql です。

● リスト6-6：パラメータ化されたフィクスチャを使ってテストを実行する

```python
import pytest
import myapp


@pytest.fixture(params=["mysql", "postgresql"])
def database(request):
    d = myapp.driver(request.param)
    d.start()
    yield d
    d.stop()


def test_insert(database):
    database.insert("somedata")
```

リスト6-6では、database フィクスチャが2つの異なる値でパラメータ化されています。これらのパラメータは、それぞれアプリケーションによってサポートされるデータベースドライバの名前です。test_insert 関数を実行すると、実際には2回実行されます。1回目は MySQL データベース接続が使用され、2回目は PostgreSQL データベース接続が使用されます。このようにすると、何行ものコードを追加しなくても、同じテストをさまざまなシナリオで簡単に再利用できます。

---

※注2
https://gnocchi.xyz/

## モック化によるテストの制御

　モックオブジェクトは、本物のアプリケーションオブジェクトの振る舞いを特定の制御された方法でシミュレートするオブジェクトです。これらのオブジェクトはとりわけ、コードをテストしたいと考えている状態を正確に表す環境を作り出すのに役立ちます。目的のオブジェクトの振る舞いを切り離し、コードをテストする環境を作り出すために、モックオブジェクト以外のすべてのオブジェクトを置き換えることができます。

　モックオブジェクトを使用する状況の 1 つとして、HTTP クライアントの作成が挙げられます。というのも、HTTP サーバーを立ち上げ、考え得るすべての値を返すようなすべてのシナリオでテストするというのはおそらく不可能だからです（少なくとも複雑きわまりない作業になるでしょう）。ましてや、HTTP クライアントをすべての失敗シナリオでテストするのは言わずもがなです。

　Python においてモックオブジェクトを作成するための標準ライブラリは mock です。Python 3.3 以降では、mock は unittest.mock として Python の標準ライブラリにマージされています[注3]。このため、次のようなコードを使用すると、Python 3.3 とそれ以前のバージョンとの間で下位互換性を維持できます。

```
try:
    from unittest import mock
except ImportError:
    import mock
```

　mock ライブラリはとても使いやすく、mock.Mock オブジェクトでアクセスされる属性はすべて実行時に動的に作成されます。そうした属性にはどのような値でも設定できます。mock を使って偽の属性を持つ偽のオブジェクトを作成する方法は、リスト 6-7 のようになります。

---

※注3
https://docs.python.org/ja/dev/library/unittest.mock.html

●リスト 6-7：mock.Mock の属性にアクセスする

```
>>> from unittest import mock
>>> m = mock.Mock()
>>> m.some_attribute = "hello world"
>>> m.some_attribute
'hello world'
```

　また、順応性のあるオブジェクトのメソッドを動的に作成することもできます。たとえば、リスト 6-8 のようにすると、常に 42 を返し、引数として何でも受け入れるフェイクメソッドを作成できます。

●リスト 6-8：mock.Mock でメソッドを作成する

```
>>> from unittest import mock
>>> m = mock.Mock()
>>> m.some_method.return_value = 42
>>> m.some_method()
42
>>> m.some_method("with", "arguments")
42
```

　ほんの数行で、mock.Mock オブジェクトは 42 を返す some_method メソッドを持つようになりました。このメソッドにはどのような引数でも渡すことができますが、それらの値のチェック機能は（まだ）ありません。

　動的に作成されるメソッドに（意図的な）副作用を持たせることもできます。値を返すだけボイラープレート的（定型的）なメソッドではなく、有益なコードを実行するメソッドを定義してみましょう。

　リスト 6-9 では、"hello world" 文字列を出力するという副作用を持つフェイクメソッドを定義しています。

●リスト 6-9：mock.Mock オブジェクトで副作用を持つメソッドを作成する

```
>>> from unittest import mock
>>> m = mock.Mock()
>>> def print_hello():
...     print("hello world!")
...     return 43
...
❶ >>> m.some_method.side_effect = print_hello
>>> m.some_method()
hello world!
43
❷ >>> m.some_method.call_count
1
```

❶では、関数全体を some_method 属性に代入しています。このようにすると、テストに必要なコードを何でもモックオブジェクトに組み込めるようになるため、テストにおいてより複雑なシナリオを実装できるようになります。あとは、このモックオブジェクトを期待している関数にそれを渡せばよいだけです。

call_count 属性（❷）を使用すると、メソッドが呼び出された回数を簡単に調べることができます。

mock ライブラリは、アクション／アサーションパターンを使用します。つまり、テストが実行された後、モック化しているアクションが正しく実行されたことをチェックする責任は開発者にあります。リスト 6-10 では、これらのチェックを行うために assert メソッドをモックオブジェクトに適用しています。

●リスト 6-10：メソッド呼び出しの確認

```
>>> from unittest import mock
>>> m = mock.Mock()
❶ >>> m.some_method('foo', 'bar')
<Mock name='mock.some_method()' id='4332997408'>
❷ >>> m.some_method.assert_called_once_with('foo', 'bar')
❸ >>> m.some_method.assert_called_once_with('foo', mock.ANY)
>>> m.some_method.assert_called_once_with('foo', 'baz')
Traceback (most recent call last):
  File "<stdin>", line 1, in <module>
  File "/usr/lib/python3.8/unittest/mock.py", line 919, in assert_called_once_with
    return self.assert_called_with(*args, **kwargs)
```

```
  File "/usr/lib/python3.8/unittest/mock.py", line 907, in assert_called_with
    raise AssertionError(_error_message()) from cause
AssertionError: expected call not found.
Expected: some_method('foo', 'baz')
Actual: some_method('foo', 'bar')
```

　この例では、引数 foo と bar を持つメソッドを作成しており、このメソッドの呼び出しがテスト
の代わりになります（❶）。モックオブジェクトの呼び出しをチェックする通常の方法は、assert_
called_once_with などの assert_called メソッドを使用することです（❷）。これらのメソッドには、
呼び出し元がモックメソッドを呼び出すときに使用すると期待される値を渡す必要があります。渡さ
れた値が使用されている値と異なる場合、mock は AssertionError を送出します。どのような引数が
渡されるかわからない場合は、値として mock.ANY を使用できます（❸）。この値は、モックメソッド
に渡されるあらゆる引数とマッチします。

　mock ライブラリは、外部モジュールの関数、メソッド、オブジェクトを置き換える目的でも使用で
きます。リスト 6-11 では、os.unlink 関数をフェイク関数と置き換えています。

●リスト 6-11：mock.patch を使用する

```
>>> from unittest import mock
>>> import os
>>> def fake_os_unlink(path):
...     raise IOError("Testing!")
...
>>> with mock.patch('os.unlink', fake_os_unlink):
...     os.unlink('foobar')
...
Traceback (most recent call last):
  File "<stdin>", line 2, in <module>
  File "<stdin>", line 2, in fake_os_unlink
    raise IOError("Testing!")
IOError: Testing!
```

6章　ユニットテスト

　コンテキストマネージャとして使用した場合、mock.patch メソッドはターゲット関数を指定された関数と置き換えるため、そのコンテキスト内で実行されるコードは置き換えられたメソッドを使用します。mock.patch メソッドを使って外部ライブラリの任意のコードを書き換えれば、アプリケーションのあらゆる状態をテストできるように、その振る舞いを変えることができます（リスト 6-12）。

●リスト 6-12：mock.patch メソッドを使って一連の振る舞いをテストする

```
from unittest import mock

import pytest
import requests

class WhereIsPythonError(Exception):
    pass

def is_python_still_a_programming_language():
    try:
        r = requests.get("http://python.org")
    except IOError:
        pass
    else:
        if r.status_code == 200:
            return 'Python is a programming language' in r.content
    raise WhereIsPythonError("Something bad happened")

def get_fake_get(status_code, content):
    m = mock.Mock()
    m.status_code = status_code
    m.content = content

    def fake_get(url):
        return m

    return fake_get
```

122　Python ハッカーガイドブック

```
    def raise_get(url):
        raise IOError("Unable to fetch url %s" % url)

❷   @mock.patch('requests.get', get_fake_get(200, 'Python is a programming language for sure'))
    def test_python_is():
        assert is_python_still_a_programming_language() is True

    @mock.patch('requests.get', get_fake_get(200, 'Python is no more a programming language'))
    def test_python_is_not():
        assert is_python_still_a_programming_language() is False

    @mock.patch('requests.get', get_fake_get(404, 'Whatever'))
    def test_bad_status_code():
        with pytest.raises(WhereIsPythonError):
            is_python_still_a_programming_language()

    @mock.patch('requests.get', raise_get("http://python.org"))
    def test_ioerror():
        with pytest.raises(WhereIsPythonError):
            is_python_still_a_programming_language()
```

　リスト 6-12 は、http://python.org/ にある Web ページで "Python is a programming language" という文字列をすべて検索するテストスイートを実装しています（❶）。この Web ページそのものを書き換えずに、否定的な（この文字列がその Web ページに含まれていない）シナリオをテストする方法はありません。そして、Web ページを書き換えられないことは言うまでもありません。そこで、mock を使ってリクエストの振る舞いを変更し、この文字列を含んでいない偽の Web ページで偽のレスポンスを返すようにします。このようにすると、この文字列が http://python.org/ に含まれていない否定的なシナリオのテストが可能となり、プログラムがその状況に正しく対処することを確認できるようになります。

　この例では、mock.patch() のデコレータバージョンを使用しています（❷）。デコレータを使用したからといってモック化する振る舞いが変わるわけではありませんが、テスト関数全体のコンテキストでモック化を使用する必要がある場合は、このほうが単純です。

　モックを使用すれば、404 エラーを返す Web サーバー、I/O エラー、ネットワークレイテンシの問題など、あらゆる問題をシミュレートできます。どの状況でもコードが正しい値を返すか正しい例外を送出することを確認すれば、コードを常に期待どおりに動作させることができます。

## coverage：テストされないコードを明らかにする

　ユニットテストに対する優れた補完ツールである coverage[注4] は、テスト中に見逃されたコードがあるかどうかを明らかにします。実行されたコードの割り出しには、コード解析ツールとトレーシングフックが使用されます。ユニットテストの実行時に coverage を使用すると、コードベースのどの部分がテストされ、どの部分がテストされなかったかを特定できます。テストの作成はそれだけでも有益なことですが、テストの過程で見逃されたかもしれない部分のコードを知る方法があれば、言うことなしです。

　pip を使って coverage モジュールをインストールすると、各自のシェルから coverage プログラムコマンドにアクセスできるようになります。

 **NOTE** OS のインストールソフトウェアを通じて coverage をインストールした場合、コマンドの名前は python-coverage になることがあります。たとえば Debian では、この名前になります。

　coverage をスタンドアロンモードで使用するのは簡単です。プログラムの実行されなかった部分と「デッドコード」を確認できます。デッドコードとは、削除したとしてもプログラムの通常のワークフローが変化しないコードのことです。本章で説明してきたすべてのテストツールは、coverage と統合できます。

　pytest を使用する場合は、pip install pytest-covを使ってpytest-covプラグインをインストールし、詳細なコードカバレッジ出力を生成するためのオプションスイッチをいくつか追加します（リスト 6-13）。

●リスト 6-13：pytest でカバレッジを使用する

```
$ pytest --cov=gnocchiclient gnocchiclient/tests/unit
...
---------- coverage: platform darwin, python 3.6.4-final-0 ----------
Name                                              Stmts   Miss Branch BrPart  Cover
```

---

[注4]
https://pypi.org/project/coverage/

```
gnocchiclient/__init__.py               0       0       0       0   100%
gnocchiclient/auth.py                   51      23       6       0    49%
gnocchiclient/benchmark.py             175     175      36       0     0%
...
-----------------------------------------------------------------------
TOTAL                                 2040    1868     424       6     8%

============================= passed in 5.00 seconds =============================
```

　--cov オプションを指定すると、テスト実行の終了時にカバレッジレポートが生成されます。
pytest-cov プラグインへの引数としてパッケージ名を指定することで、カバレッジレポートを正し
くフィルタリングする必要があります。出力には、実行されなかった（そのためテストされなかった）
コード行が含まれています。あとは、普段使用しているテキストエディタを起動して、そのコード用
のテストを書き始めればよいだけです。

　coverage はそれだけにとどまらず、より明確な HTML レポートも生成できます。--cov-
report=html オプションを追加するだけで、このコマンドの実行時に HTML ページが htmlcov ディ
レクトリに追加されます。各 HTML ページには、ソースコードのどの部分が実行され、どの部分が
実行されなかったかが表示されます。

　必要であれば、--cover-fail -under=COVER_MIN_PERCENTAGE オプションを使用することもできま
す。このオプションを指定すると、テストスイートの実行時にテストされなかったコードの割合（パー
セント）が最低条件に満たない場合に、テストスイートを失敗させることができます。コードカバレッ
ジの割合が十分であることは妥当な目標であり、この機能はテストカバレッジの状態を理解するのに
役立ちますが、パーセント値を適当に決めたのではあまり意味がありません。図 6-1 に示すカバレッ
ジレポートの例では、カバレッジの割合が一番上に表示されています。

●図 6-1：ceilometer.publisher のカバレッジレポート

```
Coverage for ceilometer.publisher : 75%

12 statements  9 run  3 missing  0 excluded

1   # -*- encoding: utf-8 -*-
2   #
3   # Copyright © 2013 Intel Corp.
4   # Copyright © 2013 eNovance
5   #
6   # Author: Yunhong Jiang <yunhong.jiang@intel.com>
7   #         Julien Danjou <julien@danjou.info>
8   #
9   # Licensed under the Apache License, Version 2.0 (the "License"); you may
10  # not use this file except in compliance with the License. You may obtain
11  # a copy of the License at
12  #
13  #       http://www.apache.org/licenses/LICENSE-2.0
14  #
15  # Unless required by applicable law or agreed to in writing, software
16  # distributed under the License is distributed on an "AS IS" BASIS, WITHOUT
17  # WARRANTIES OR CONDITIONS OF ANY KIND, either express or implied. See the
18  # License for the specific language governing permissions and limitations
19  # under the License.
20  import abc
21  from stevedore import driver
22  from ceilometer.openstack.common import network_utils
23
24  def get_publisher(url, namespace='ceilometer.publisher'):
25      """Get publisher driver and load it.
26
27      :param URL: URL for the publisher
28      :param namespace: Namespace to use to look for drivers.
29      """
30      parse_result = network_utils.urlsplit(url)
31      loaded_driver = driver.DriverManager(namespace, parse_result.scheme)
32      return loaded_driver.driver(parse_result)
33
34
35  class PublisherBase(object):
36      """Base class for plugins that publish the sampler."""
37
38      __metaclass__ = abc.ABCMeta
39
40      def __init__(self, parsed_url):
41          pass
```

　たとえば、コードカバレッジの目標を 100% に設定するのはすばらしいことですが、だからといってコードが完全にテストされており、安心してもよいとは限りません。100% のカバレッジはコードパス全体が実行されたことを証明するだけで、考え得るすべての状態がテストされていることを示すわけではないからです。

　カバレッジ情報を使ってテストスイートを強化し、現在実行されていないコードに対してテストを追加してください。そうすれば、それ以降のプロジェクトのメンテナンスが容易になり、コードの全体的な品質が向上するでしょう。

# 6.2　仮想環境

　依存関係の欠如がテストで捕捉されないことの危険性については、すでに説明したとおりです。大規模なアプリケーションでは、そのアプリケーションに必要な機能を提供するために必然的に外部ライブラリを使用することになりますが、外部ライブラリは OS でさまざまな問題を引き起こす可能性があります。次に示すのは、その一例です。

- パッケージに含まれていなければならないライブラリがシステム上に存在していない。
- パッケージに含まれていなければならないライブラリの正しい**バージョン**がシステム上に存在していない。
- 2つの異なるアプリケーションで同じライブラリのそれぞれ異なるバージョンが必要である。

　これらの問題は、アプリケーションを最初にデプロイするときか、アプリケーションの実行中に発生する可能性があります。システムマネージャを使ってインストールした Python ライブラリをアップグレードすると、アプリケーションで使用中のライブラリの API が変化するなどの単純な理由で、何の警告もなく突然アプリケーションが動かなくなることがあります。

　この問題に対する解決策は、アプリケーションの依存関係がすべて含まれたライブラリディレクトリをアプリケーションごとに使用することです。このディレクトリは、（システムによってインストールされたものではなく）必要な Python モジュールを読み込むために使用されます。

　このようなディレクトリは**仮想環境**（virtual environment）と呼ばれます。

## 仮想環境を準備する

　virtualenv は仮想環境を自動的に準備してくれるツールです。Python 3.2 までは、`pip install virtualenv` を使ってインストールできる virtualenv パッケージに含まれています。Python 3.3 以降では、venv という名前で Python に含まれています。

　venv を使用するには、次のようにしてメインプログラムとして読み込み、引数としてターゲットディレクトリを指定します。

```
$ python3 -m venv myvenv
$ ls myvenv
bin           include        lib            pyvenv.cfg
```

　venv を実行すると、lib/pythonX.Y ディレクトリが作成され、このディレクトリを使って仮想環境に pip がインストールされます。pip は、Python パッケージをさらにインストールするのに役立ちます。

　仮想環境を有効にするには、activate コマンドを source コマンドで実行します。Posix システムでは、次のコードを使用します。

```
$ source myvenv/bin/activate
```

　Windows システムでは、次のコードを使用します。

```
> ¥myvenv¥Scripts¥activate
```

　そうすると、シェルプロンプトの前に仮想環境の名前が追加されるはずです。python を実行すると、仮想環境にコピーされているバージョンの Python が呼び出されます。sys.path 変数を調べて、最初のコンポーネントが仮想環境ディレクトリであることを確認できれば、仮想環境が有効であることがわかります。

　deactivate コマンドを実行すれば、いつでも仮想環境を停止して抜け出すことができます。

```
$ deactivate
```

また、仮想環境にインストールされている Python を 1 回だけ使用したい場合、必ずしも activate を実行する必要はありません。python バイナリを呼び出す方法でもうまくいきます。

```
$ myvenv/bin/python
```

さて、仮想環境が有効になっている状態では、メインシステムにインストールされているモジュールはいずれも利用できません。だからこそ仮想環境を使用するわけですが、これはおそらく必要なパッケージをインストールしなければならないことも意味しています。必要なパッケージをインストールするには、標準の pip コマンドを使用するだけです。各パッケージは正しい場所にインストールされ、システム自体はいっさい変更されません。

```
$ source myvenv/bin/activate
(myvenv) $ pip install six
Collecting six
  Using cached https://files.pythonhosted.org/packages/.../six-1.13.0-py2.py3-none-any.whl
Installing collected packages: six
Successfully installed six-1.13.0
```

いかがでしょう。必要なライブラリをすべてインストールし、この仮想環境からアプリケーションを実行することが可能であり、しかもシステムが動作しなくなることもありません。これをスクリプトにまとめれば、依存関係のリストに基づいて仮想環境のインストールを自動化できることに気付いているでしょう（リスト 6-14）。

●リスト 6-14：仮想環境の自動作成

```
python3 -m venv myvenv
source myvenv/bin/activate
pip install -r requirements.txt
deactivate
```

とはいえ、システムにインストールされているパッケージが利用できると、やはり何かと便利です。venv 実行コマンドに --system-site-packages オプションを指定すると、仮想環境の作成時にそれらのパッケージを有効にできます。

myvenv ディレクトリには、この仮想環境の構成ファイルである pyvenv.cfg が含まれているはずです。デフォルトでは、このファイルに含まれている構成オプションの数はそれほど多くありません。include-system-site-package オプションが含まれているはずですが、このオプションの目的は venv の --system-site-packages オプションと同じです。

もう察しがついているかもしれませんが、仮想環境はユニットテストスイートの実行を自動化するのにとても便利です。仮想環境は広く利用されているため、仮想環境専用のツールが作成されています。

## tox を使って仮想環境を管理する

仮想環境の中心的な用途の 1 つは、ユニットテストを実行するためのクリーンな環境を提供することです。たとえば、依存関係のリストに関してはテストが役立たないにもかかわらず、そうではないと思い込んでいたとしたら大変なことになります。

依存関係のすべてに確実に対処する方法の 1 つは、スクリプトを記述することです。このスクリプトは、仮想環境をデプロイし、setuptools をインストールし、アプリケーションとライブラリのランタイムとユニットテストの両方に必要な依存関係をすべてインストールします。運のよいことに、これはごく一般的なユースケースなので、このタスク専用のアプリケーション（tox）がすでに作成されています。

tox 管理ツールの目的は、Python においてテストが実行される方法を自動化ならびに標準化することです。そこで tox は、テストスイート全体をクリーンな仮想環境で実行するのに必要なものを何もかも提供します。また、アプリケーションのインストールがうまくいくことをチェックするために、アプリケーションもインストールします。

tox を使用する前に、tox.ini という構成ファイルを用意する必要があります。このファイルは、setup.py ファイルとともにプロジェクトのルートディレクトリに配置されていなければなりません。

```
$ touch tox.ini
```

これで、tox を問題なく実行できます※訳注2。

```
$ tox
GLOB sdist-make: /home/jd/project/setup.py
python create: /home/jd/project/.tox/python
python inst: /home/jd/project/.tox/.tmp/package/1/UNKNOWN_0.0.0.zip
python installed: UNKNOWN--0.0.0
python run-test-pre: PYTHONHASHSEED='4119183352'
_____ summary _____
  python: commands succeeded
  congratulations :)
```

　この例では、tox が Python のデフォルトのバージョンを使って .tox/python に仮想環境を作成します。tox は setup.py を使ってパッケージの配布物を作成し、この仮想環境内にインストールします。構成ファイルには何も指定していないため、コマンドは実行されません。これだけでは特に意味を持たないのです。

　テスト環境内で実行するコマンドを追加すれば、このデフォルトの振る舞いを変更できます。tox.ini を編集し、次のコードを追加します。

```
[testenv]
commands=pytest
```

　そうすると、tox が pytest コマンドを実行するようになります。ただし、仮想環境には pytest がインストールされていないため、このコマンドは失敗するはずです。インストールする依存関係として pytest を指定する必要があります。

```
[testenv]
deps=pytest
commands=pytest
```

※訳注2
pip install tox で tox をインストールしておく必要もある。

　ここで再び tox を実行すると、仮想環境が再作成され、新しい依存関係がインストールされ、pytest コマンドが実行され、ユニットテストがすべて実行されます。依存関係をさらに追加するには、ここで示したように deps 構成オプションを使って指定するか、-rfile 構文を使ってファイルから読み込みます。

## 仮想環境の再構築

　場合によっては、仮想環境の再構築が必要になることがあります。たとえば、新しい開発者がソースコードリポジトリのクローンを作成して最初に tox を実行するときに、すべてが期待どおりに運ぶようにするには、仮想環境を作り直す必要があるかもしれません。そのため、tox には指定されたパラメータに基づいて仮想環境を一から再構築する --recreate オプションが用意されています。

　tox によって管理されるすべての仮想環境に対するパラメータは、tox.ini の [testenv] セクションで定義します。そして、tox は複数の Python 仮想環境を管理できます。それだけではなく、tox に -e オプションを指定すると、Python のデフォルト以外のバージョンでテストを実行することもできます。

```
$ tox -e py27
GLOB sdist-make: /home/jd/project/setup.py
py27 create: /home/jd/project/.tox/py27
py27 installdeps: pytest
py27 inst: /home/jd/project/.tox/.tmp/package/1/UNKNOWN_0.0.0.zip
py27 installed ...
py27 run-test-pre: PYTHONHASHSEED='742095972'
py27 runtests: commands[0] | pytests
================================ test session starts ================================
...
============================= 5 passed in 4.87 seconds =============================
_____ summary _____

    py27: commands succeeded
    congratulations :)
```

　デフォルトでは、tox は既存の Python バージョンとマッチするあらゆる環境をシミュレートします（py2、py27、py3、py34、py35、py36、py37、py38、jython、pypy、pypy2、pypy27、pypy3、 pypy35）。さらに、独自の環境を定義することも可能です。その場合は、[testenv:NAME] というセクションを新たに追加するだけです。特定のコマンドを 1 つの環境だけで実行したい場合も簡単であり、tox.ini ファイルに次のコードを追加するだけです。

```
[testenv]
deps=pytest
commands=pytest

[testenv:py36-coverage]
deps={[testenv]deps}
     pytest-cov
commands=pytest --cov=myproject
```

このように、py36-coverage セクションで pytest --cov=myproject コマンドを使用すると、py36-coverage 環境のコマンドが上書きされます。つまり、tox -e py36-coverage を実行すると、pytest が依存関係の一部としてインストールされますが、実際には、pytest はカバレッジオプション付きで実行されます。これを可能にするには、pytest-cov 拡張がインストールされていなければなりません。そこで、deps 値を testenv の deps と置き換え、依存関係として pytest-cov を追加します。tox は変数補間もサポートするため、{[ 環境名 ] 変数名 } 構文を使って tox.ini ファイルの他のフィールドを参照し、変数として使用することも可能です。このようにすると、同じコードを何度も繰り返さずに済みます。

## Python のさまざまなバージョンを使用する

tox.ini ファイルに次のコードを追加すると、Python のサポート対象外のバージョンを使って新しい仮想環境をすぐに作成できます。

```
[testenv]
deps=pytest
commands=pytest

[testenv:py21]
basepython=python2.1
```

　この設定を使用すると、テストスイートの実行に Python 2.1 が使用されるようになります。ただし、ここまで古いバージョンの Python がシステムにインストールされていることは非常に考えにくいため、この方法がうまくいくかどうかは疑問です。

　また、Python の複数のバージョンをサポートしたいことも考えられます。その場合、tox にそのすべてのバージョンですべてのテストを実行させれば、きっと役に立つはずです。これを可能にするには、引数なしで tox を実行するときに使用したい環境を [tox] セクションに列挙します。

```
[tox]
envlist=py35,py36,pypy

[testenv]
deps=pytest
commands=pytest
```

　tox を引数なしで実行すると、指定された3つの環境がすべて作成され、依存関係とアプリケーションが読み込まれた後、pytest コマンドで実行されます。

## 他のテストを統合する

　tox を使用すれば、第1章で取り上げた flake8 などのテストを統合することもできます。次の tox.ini ファイルは、flake8 をインストールして実行する PEP 8 環境を構築します。

```
[tox]
envlist=py35,py36,pypy,pep8

[testenv]
deps=pytest
commands=pytest

[testenv:pep8]
deps=flake8
commands=flake8
```

この場合、pep8 環境は Python のデフォルトのバージョンを使って実行されます。おそらくそれで問題ありませんが、変更したい場合は basepython オプションを指定するとよいでしょう。

tox を実行すると、すべての環境の構築と実行が順番に行われることがわかります。このため、処理にかなり時間がかかることがありますが、これらの仮想環境は分離されているため、複数の tox コマンドが同時に走っていてもよいわけです。まさにそれを可能にするのが detox パッケージです。このパッケージは、envlist に含まれているデフォルトの環境をすべて並行して動作させる detox コマンドを提供します。detox は pip でインストールする必要があります。

## 6.3　テストポリシー

テストコードをプロジェクトに埋め込むのはすばらしい考えですが、そのコードがどのように実行されるのかもきわめて重要です。どういうわけか実行されないテストコードを放置しているプロジェクトがあまりにも目につきます。これは Python に限ったことではありませんが、とても重要なことなので、改めて指摘しておきます。テストされないコードに関しては、ゼロトレランス（寛容度ゼロ）ポリシーを導入してください。適切なユニットテストによってカバーされていないコードは、決してマージしてはいけません。

最低でも、プッシュするコミットの 1 つ 1 つがすべてのテストにパスしていることを目標にしてください。このプロセスを自動化すれば、さらに申し分ありません。たとえば OpenStack では、Gerrit[注5] と Zuul[注6] に基づくワークフローを導入しています。プッシュされたコミットは、それぞれ Gerrit が提供しているコードレビューシステムを通過します。そして、Zuul によって一連のテストジョブが実行されます。Zuul はユニットテストとより高度な機能テストをプロジェクトごとに実行します。このようにして 2 人の開発者によって実施されるコードレビューにより、コミットされたコードのすべてがユニットテストによって確実にカバーされるようになります。

※注5
Web ベースのコードレビューサービス
https://www.gerritcodereview.com/

※注6
継続的インテグレーション／継続的デリバリ（CI/CD）サービス
https://zuul-ci.org/

　よく知られている GitHub ホスティングサービスを利用している場合は、**Travis CI** を使ってテストを実行することもできます。このツールを利用すれば、プッシュまたはマージが実行された後に、あるいは送信されたプルリクエストに対してテストが実行されます。このテストがプッシュの後に実行される点は残念ですが、リグレッションの追跡にはすばらしい方法です。Travis は Python の重要なバージョンをすべてデフォルトでサポートしており、柔軟なカスタマイズが可能です。Travis の Web インターフェイス[注7] を使ってプロジェクトで Travis を有効にした後は、テストの実行方法を決定する .travis.yml ファイルを追加するだけです。.travis.yml ファイルの例を見てみましょう（リスト 6-15）。

●リスト 6-15：.travis.yml の例

```
language: python
python:
  - '2.7'
  - '3.6'
# 依存関係をインストールするコマンド
install: "pip install -r requirements.txt --use-mirrors"
# テストを実行するコマンド
script: pytest
```

　このファイルをコードリポジトリに配置した上で Travis を有効にすると、Travis が関連するユニットテストを使ってコードをテストするジョブを生成します。依存関係とテストを追加するだけで、このプロセスをカスタマイズできることがわかります。Travis は有料のサービスですが、オープンソースプロジェクトであれば、完全に無料で利用できます。

　tox-travis[注8] も検討してみる価値があるパッケージの1つです。tox-travis は、使用されている Travis 環境に応じて正しい tox ターゲットを実行することで、tox と Travis の高度な統合を実現します。リスト 6-16 は、tox を実行する前に tox-travis をインストールする .travis.yml ファイルの例を示しています。

※注7
https://travis-ci.org/

※注8
https://pypi.org/project/tox-travis/

●リスト 6-16：tox-travis をインストールする .travis.yml ファイルの例

```
sudo: false
language: python
python:
  - '2.7'
  - '3.4'
install: pip install tox-travis
script: tox
```

　tox-travis を使用すると、Travis 上で tox を単にスクリプトとして呼び出すことができます。そ れにより、ここで .travis.yml ファイルに指定した環境で tox が呼び出され、必要な仮想環境が構築 され、依存関係がインストールされ、tox.ini で指定したコマンドが実行されます。このようにすると、 ローカル開発マシンと Travis 継続的インテグレーションプラットフォームの両方で同じワークフロー を簡単に利用できるようになります。

　最近では、コードがどこでホストされていても、ソフトウェアのテストを自動化し、プロジェクト を（新たなバグによって阻まれることなく）確実に前進させることが常に可能になっています。

# 6.4 Robert Collins、テストについて語る

Robert Collins は、何よりもまず、分散バージョン管理システム **Bazaar**[注9] の最初の開発者です。現在は HP Cloud Services でディスティングイッシュト・テクノロジストを務め、OpenStack に取り組んでいます。また、フィクスチャ、testscenarios、testrepository、さらには python-subunit など、本書で取り上げている Python ツールの多くの作成者でもあります。あなたもそうとは知らずに Robert のプログラムの1つを使用したことがあるかもしれません。

**テストポリシーについてアドバイスするとしたら、どのようなポリシーを使用するのがお勧めでしょうか。そもそもコードをテストしないのは許されることでしょうか？**

私はテストを技術的な妥協点を探ることだと考えています。つまり、不具合が発見されないまま製品に紛れ込んでしまう可能性や、発見されない不具合のコストと規模、そして作業チームの団結力について検討しなければならないということです。OpenStack[注10] を例に挙げると、コントリビューターの数は 1,600 人に上ります。それだけの数の人々がそれぞれの意見を持つ中で、細かなポリシーで足並みを揃えるというのは無理な話です。一般論として、プロジェクトには自動化されたテストが必要です。それらのテストは、コードが意図されたとおりに動作することと、その意図された動作が必要なものであることをチェックします。多くの場合、そのためには機能テストが必要であり、それらのテストはさまざまなコードベースに含まれることになるかもしれません。ユニットテストは、スピード面でもエッジケースの特定においても最適です。テストが存在する限り、テストスタイルのバランスに差があっても問題はないと考えています。

テストのコストが非常に高く、見返りが非常に少ない場合は、十分に検討した上でテストをしないという決断を下してもよいかもしれませんが、そうした状況は比較的まれです。ほとんどのものはそれほどコストをかけずにテストすることが可能であり、エラーをいち早く検出することの効果は非常に高い場合が多いからです。

---

※注9
http://bazaar.canonical.com/

※注10
https://www.openstack.org/

**Python コードを記述するときに、テストを管理しやすくし、コードの品質を向上させるための最善策は何でしょうか？**

　　関心事を切り離し、1つの場所で複数のことを行わないようにすることです。そうすれば、再利用が当たり前になり、テストダブルの導入が容易になります。可能な限り、純粋に機能的なアプローチをとることです。たとえば、1つのメソッドでは、何かを計算するか、何らかの状態を変更するかのどちらかにし、両方を行わないようにします。このようにすれば、データベースへの書き込みや HTTP サーバーとの通信といった状態の変化に対処することなく、計算処理をすべてテストできるようになります。また、逆方向でも同じ効果が得られます。つまり、エッジケースを再現するためにテストの計算ロジックを置き換え、モックやテストダブルを使って、期待される状態の伝播が想定どおりに発生することをチェックできるわけです。テスト対象として最も手に余るのは、層をまたいだ振る舞いに複雑な依存関係があるような、深く階層化されたスタックです。そうした状況では、層の間のコントラクトが単純で、予測可能で、（テストにとって何よりも有益な）置換可能になるようにコードを進化させたほうがよいでしょう。

**ソースコードでユニットテストを整理する最もよい方法を教えてください。**

　　$ROOT/$PACKAGE/tests のような明確な階層を使用することです。私は、たとえば $ROOT/$PACKAGE/$SUBPACKAGE/tests のように、ソースツリー全体に対して階層が1つだけになるようにしています。

　　tests 内では、ソースツリーの他の部分の構造をミラー化することが多く、$ROOT/$PACKAGE/foo.py は $ROOT/$PACKAGE/tests/test_foo.py でテストされることになります。

　　おそらくトップレベルの __init__ の test_suite/load_tests 関数は別ですが、ツリーの他の部分を tests ツリーからインポートしないようにします。そうすれば、フットプリントの小さいシステムでテストを簡単に切り離すことができます。

**Python のユニットテストライブラリとフレームワークの今後についてどう考えていますか？**

次に示す重要な課題があると見ています。

- 4つの CPU を搭載したスマートフォンのように、新しいマシンでは並列処理の能力が向上し続けていること。既存のユニットテストの内部 API は、並列処理のワークロードに合わせて最適化されていない。Java の StreamResult クラスでの私の取り組みは、まさにこの問題の解決を目指すものである。
- より複雑なスケジューリングサポート。クラススコープやモジュールスコープのセットアップが目指している、この問題に対するもう少しマシな解決策。
- 現在の多種多様なフレームワークを統一する何らかの方法を見つけ出すこと。統合テストでは、異なるテストランナーを使用する複数のプロジェクトを一元的に管理できれば申し分ない。

# 7

# 第7章　メソッドとデコレータ

Pythonのデコレータを利用すれば、関数を簡単に書き換えることができます。デコレータが初めて紹介されたのはPython 2.2でした。当初はclassmethod( )とstaticmethod( )の2つのデコレータが提供されましたが、これらのデコレータは柔軟性と読みやすさを向上させるために徹底的に見直されています。現時点では、これらの2つのデコレータ以外にも組み込みのデコレータがいくつか提供されており、カスタムデコレータの作成も単純になっています。しかし、ほとんどの開発者はデコレータの内部の仕組みを理解していないようです。

本章の目的は、この状況を変えることにあります。つまり、デコレータとは何か、どのように使用するのか、そしてカスタムデコレータを作成するにはどうすればよいのかを取り上げます。続いて、デコレータを使って静的メソッド、クラスメソッド、抽象メソッドを作成する方法と、super関数について詳しく見ていきます。この関数を利用すれば、実装可能なコードを抽象メソッドの中に配置できます。

# 7.1　デコレータとそれらを使用する状況

　**デコレータ**（decorator）は 1 つの関数であり、引数として別の関数を受け取り、その関数を新しい書き換えられた関数に置き換えます。デコレータの主な用途は、複数の関数の前、後、またはその近くで呼び出されなければならない共通のコードを共有化することです。Emacs Lisp コードを書いたことがあれば、ある関数のまわりで呼び出されるコードを定義できる defadvice デコレータを使用したことがあるかもしれません。CLOS（Common Lisp Object System）でメソッドコンビネーションを使用したことがあるでしょうか。Python のデコレータも同じ概念に従っています。ここでは、単純なデコレータの定義を確認した後、デコレータを使用する一般的な状況を調べることにします。

## デコレータの作成

　読者がすでにデコレータを使ってラッパー関数を独自に作成したことがあったとしても不思議ではありません。最も単純な例は、デコレータとしては意味のない identity 関数です。この関数は元の関数をそのまま返すだけであり、次のように定義されます。

```
def identity(f):
    return f
```

　そして、このデコレータを次のように使用します、

```
@identity
def foo():
    return 'bar'
```

　先頭に @ 記号を付けてデコレータの名前を入力し、続いてデコレータを適用したい関数を入力します。これは、次のように記述するのと同じです。

```
def foo():
    return 'bar'

foo = identity(foo)
```

このデコレータは無意味ですが、正常に動作します。もう少し有益な別の例を見てみましょう（リスト 7-1）。

●リスト 7-1：関数をディクショナリにまとめるデコレータ

```
_functions = {}
def register(f):
    global _functions
    _functions[f.__name__] = f
    return f

@register
def foo():
    return 'bar'
```

リスト 7-1 の register デコレータは、デコレートされた関数の名前をディクショナリに格納します。そうすると、_functions ディクショナリにアクセスし、関数名を使って関数を取り出せるようになります。つまり、_functions['foo'] は foo 関数を指しています。

以降の項では、カスタムデコレータを作成する方法について説明します。続いて、Python の組み込みデコレータの仕組みと、それらを使用する方法（および状況）を取り上げます。

## デコレータを記述する

すでに述べたように、デコレータは関数のまわりで繰り返されるコードのリファクタリングによく使用されます。次の2つの関数について考えてみましょう。これらの関数は、引数として渡されたユーザー名がadminかどうかをチェックし、そのユーザーが admin ではない場合は例外を送出することが求められます。

```
class Store(object):
    def get_food(self, username, food):
        if username != 'admin':
            raise Exception("This user is not allowed to get food")
        return self.storage.get(food)

    def put_food(self, username, food):
        if username != 'admin':
            raise Exception("This user is not allowed to put food")
        self.storage.put(food)
```

ここに繰り返し使用されているコードがあることがわかります。このコードを効率化するための最初のステップは、言うまでもなく、admin ステータスをチェックするコードの共有化です。

```
❶   def check_is_admin(username):
        if username != 'admin':
            raise Exception("This user is not allowed to get or put food")

    class Store(object):
        def get_food(self, username, food):
            check_is_admin(username)
            return self.storage.get(food)

        def put_food(self, username, food):
            check_is_admin(username)
            self.storage.put(food)
```

　ステータスをチェックするコードを関数として独立させました（❶）。これでコードが少し整理されましたが、デコレータを使用すればもっとよくなります（リスト 7-2）。

●リスト 7-2：共有化されたコードにデコレータを追加する

```
    def check_is_admin(f):
❶       def wrapper(*args, **kwargs):
            if kwargs.get('username') != 'admin':
```

```
            raise Exception("This user is not allowed to get or put food")
        return f(*args, **kwargs)
    return wrapper

class Store(object):
    @check_is_admin
    def get_food(self, username, food):
        return self.storage.get(food)

    @check_is_admin
    def put_food(self, username, food):
        self.storage.put(food)
```

　check_is_admin デコレータを定義し（❶）、アクセス許可のチェックが必要になるたびに、このデ
コレータを呼び出します。このデコレータは、実際の関数を呼び出す前に、kwargs 変数を使ってそ
の関数に渡された引数を調べ、username 引数を取り出してユーザー名をチェックします。デコレー
タをこのように使用すると、共通の機能を管理しやすくなります。Python の経験が豊富な人にとっ
てはおそらくわかりきったことですが、デコレータを実装するこの安直な方法に重大な欠陥があるこ
とには気付いていないかもしれません。

## デコレータのスタッキング

　リスト 7-3 に示すように、1 つの関数やメソッドに複数のデコレータを適用することもできます。

●リスト 7-3：1 つの関数に複数のデコレータを使用する

```
def check_user_is_not(username):
    def user_check_decorator(f):
        def wrapper(*args, **kwargs):
            if kwargs.get('username') == username:
                raise Exception("This user is not allowed to get food")
            return f(*args, **kwargs)
        return wrapper
    return user_check_decorator

class Store(object):
```

```
@check_user_is_not("admin")
@check_user_is_not("user123")
def get_food(self, username, food):
    return self.storage.get(food)
```

check_user_is_not はデコレータ user_check_decorator のファクトリ関数であり、username 変数に依存する関数デコレータを作成して返します。user_check_decorator は、get_food メソッドの関数デコレータとして機能します。

get_food メソッドは、check_user_is_not デコレータで2回デコレートされています。ここで問題となるのは、admin と user123 のどちらのユーザー名を先にチェックすべきかということです。その答えは次のコードにあります。このコードは、リスト 7-3 のコードを、デコレータを使用しない同等のコードに書き換えたものです。

```
class Store(object):
    def get_food(self, username, food):
        return self.storage.get(food)

Store.get_food = check_user_is_not("user123")(Store.get_food)
Store.get_food = check_user_is_not("admin")(Store.get_food)
```

デコレータのリストは上から順に適用されるため、def キーワードに最も近いデコレータが最初に適用され、最後に実行されます。上記の例では、プログラムは admin を先にチェックし、次に user123 をチェックします。

## クラスデコレータを記述する

**クラスデコレータ**（class decorator）を実装することも可能ですが、実際にはあまり使用されません。クラスデコレータは関数デコレータと同じように機能しますが、関数ではなくクラスに適用されます。クラスの2つの属性を設定するクラスデコレータの例を見てみましょう。

```
import uuid

def set_class_name_and_id(klass):
    klass.name = str(klass)
    klass.random_id = uuid.uuid4()
    return klass

@set_class_name_and_id
class SomeClass(object):
    pass
```

このクラスが読み込まれて定義されると、name 属性と random_id 属性が次のように設定されます。

```
>>> SomeClass.name
"<class '__main__.SomeClass'>"
>>> SomeClass.random_id
UUID('d244dc42-f0ca-451c-9670-732dc32417cd')
```

関数デコレータの場合と同じように、クラスデコレータはクラスを操作する共通のコードを共有化するのに役立つ可能性があります。

クラスデコレータの用途としてもう1つ考えられるのは、関数やクラスをクラスでラッピングすることです。たとえば、クラスデコレータは状態を格納する関数のラッピングによく使用されます。次のコードは、print 関数をラッピングすることで、セッション内で何回呼び出されたのかをチェックします。

```
class CountCalls(object):
    def __init__(self, f):
        self.f = f
        self.called = 0
    def __call__(self, *args, **kwargs):
        self.called += 1
        return self.f(*args, **kwargs)

@CountCalls
```

```
def print_hello():
    print("hello")
```

このコードを使って、print_hello 関数が何回呼び出されたのかをチェックできます。

```
>>> print_hello.called
0
>>> print_hello()
hello
>>> print_hello.called
1
```

## update_wrapper デコレータを使って元の属性を取得する

先に述べたように、デコレータは元の関数を動的に作成された新しい関数と置き換えます。ただし、この新しい関数には、docstring や名前など、元の関数の属性の多くが存在しません。リスト 7-4 に示すように、foobar 関数が is_admin デコレータでデコレートされると、docstring と名前属性を失うことがわかります。

●リスト 7-4：デコレートされた関数は docstring と名前属性を失う

```
>>> def is_admin(f):
...     def wrapper(*args, **kwargs):
...         if kwargs.get('username') != 'admin':
...             raise Exception("This user is not allowed to get food")
...         return f(*args, **kwargs)
...     return wrapper
...
>>> def foobar(username="someone"):
...     """Do crazy stuff."""
...     pass
...
>>> foobar.__doc__
```

```
'Do crazy stuff.'
>>> foobar.__name__
'foobar'
>>> @is_admin
... def foobar(username="someone"):
...     """Do crazy stuff."""
...     pass
...
>>> foobar.__doc__
>>> foobar.__name__
'wrapper'
```

　関数の正しい docstring と名前属性が存在しないことは、ソースコードのドキュメントを生成する場合を含め、さまざまな状況で問題になりかねません。

　幸いにも、この問題は標準ライブラリの functools モジュールの関数 update_wrapper によって解決されます。この関数は、失われた属性を元の関数からラッパーにコピーします。update_wrapper 関数のソースコードはリスト 7-5 のとおりです。

●リスト 7-5：update_wrapper 関数のソースコード

```
WRAPPER_ASSIGNMENTS = ('__module__', '__name__', '__qualname__', '__doc__',
                       '__annotations__')
WRAPPER_UPDATES = ('__dict__',)
def update_wrapper(wrapper,
                   wrapped,
                   assigned = WRAPPER_ASSIGNMENTS,
                   updated = WRAPPER_UPDATES):
    for attr in assigned:
        try:
            value = getattr(wrapped, attr)
        except AttributeError:
            pass
        else:
            setattr(wrapper, attr, value)
    for attr in updated:
        getattr(wrapper, attr).update(getattr(wrapped, attr, {}))
    # Issue #17482: set __wrapped__ last so we don't inadvertently copy it
    # from the wrapped function when updating __dict__
```

```
    wrapper.__wrapped__ = wrapped
    # Return the wrapper so this can be used as a decorator via partial()
    return wrapper
```

　リスト 7-5 に示されている update_wrapper 関数のソースコードは、関数をデコレートするときに保存しておく価値がある属性がどれであるかを浮き彫りにしています。デフォルトでは、__name__ 属性、__doc__ 属性、およびその他の属性がコピーされます。また、デコレートされた関数にコピーされる属性をカスタマイズすることも可能です。リスト 7-4 の例は、update_wrapper 関数を使って書き直せばずっとよくなります。

```
>>> import functools
>>> def foobar(username="someone"):
...     """Do crazy stuff."""
...     pass
...
>>> foobar = functools.update_wrapper(is_admin, foobar)
>>> foobar.__name__
'foobar'
>>> foobar.__doc__
'Do crazy stuff.'
```

　このように、foobar 関数は is_admin でデコレートされたとしても正しい名前と docstring を持つようになります。

## wraps：デコレータのデコレータ

　デコレータの作成時に update_wrapper 関数を手動で適用するのは何かと面倒です。そこで、functools モジュールには、wraps というデコレータのデコレータが用意されています。wraps デコレータを使用する方法は、リスト 7-6 のようになります。

●リスト 7-6：functools の wraps を使ってデコレータを更新する

```python
import functools

def check_is_admin(f):
    @functools.wraps(f)
    def wrapper(*args, **kwargs):
        if kwargs.get('username') != 'admin':
            raise Exception("This user is not allowed to get food")
        return f(*args, **kwargs)
    return wrapper

class Store(object):
    @check_is_admin
    def get_food(self, username, food):
        """Get food from storage."""
        return self.storage.get(food)
```

　functools.wraps を使用すると、wrapper 関数を返すデコレータ関数 check_is_admin が、引数として渡された関数 f から docstring、名前属性、その他の情報をコピーします。このため、デコレートされた関数（この場合は get_food）のシグネチャは変化しません。

**inspect で関連情報を取得する**

　ここまでの例では、デコレートされた関数が常に username をキーワード引数として受け取ることを前提としてきましたが、そうはいかないこともあります。チェックするユーザー名を多くの情報の中から抽出しなければならないことがあるかもしれません。このことを踏まえて、もう少しスマートなデコレータを作成することにします。このデコレータは、デコレートされた関数の引数を調べて、必要な情報を取り出せます。

　Python には、そのための inspect モジュールが含まれています。このモジュールを使って関数のシグネチャを取得し、そのシグネチャをもとに引数を調べることが可能です（リスト 7-7）。

●リスト 7-7：inspect モジュールを使って情報を取り出す

```
import functools
import inspect

def check_is_admin(f):
    @functools.wraps(f)
    def wrapper(*args, **kwargs):
        func_args = inspect.getcallargs(f, *args, **kwargs)
        if func_args.get('username') != 'admin':
            raise Exception("This user is not allowed to get food")
        return f(*args, **kwargs)
    return wrapper

@check_is_admin
def get_food(username, type='chocolate'):
    return type + " nom nom nom!"
```

　ここで大仕事をやってのけるのが inspect.getcallargs 関数です。この関数は、引数の名前と値がキーと値のペアとして含まれたディクショナリを返します。この例では、この関数は {'username': 'admin', 'type': 'chocolate'} を返します。つまり、check_is_admin デコレータはディクショナリ内で username を探すだけでよく、username が位置パラメータなのかキーワードパラメータなのかを調べる必要はないのです。

　functools.wraps デコレータと inspect モジュールを利用すれば、必要なカスタムデコレータを何でも作成できるはずです。ただし、inspect モジュールをむやみに使用するのは禁物です。関数が引数として何を受け取るのかを推測できるというのは便利に思えますが、この機能は脆弱で、関数のシグネチャが変化すればすぐに無効になってしまいます。デコレータは **DRY**（Don't Repeat Yourself）スローガンを実装するのにうってつけの手段であり、開発者によって重宝されています。

# 7.2　Python のメソッドの仕組み

　メソッドはとても使いやすく理解しやすいものであり、おそらく必要以上に深く掘り下げなくても正しく使用してきたことでしょう。しかし、特定のデコレータが何を行うのかを理解するには、メソッドの内部の仕組みを把握しておく必要があります。

　**メソッド**（method）とは、クラス属性として格納される関数のことです。このような属性に直接アクセスしようとしたらどうなるかを見てみましょう[※監訳注1]。

```
>>> class Pizza(object):
...     def __init__(self, size):
...         self.size = size
...     def get_size(self):
...         return self.size
...
>>> Pizza.get_size
<function Pizza.get_size at 0x7fdbfd1a8b90>
```

　get_size は関数として出力されていますが、なぜでしょうか。この段階では、get_size が特定のオブジェクトと結び付いていないからです。したがって、通常の関数として扱われます。get_sizeを直接呼び出そうとすると、次のようなエラーになります。

```
>>> Pizza.get_size()
Traceback (most recent call last):
  File "<stdin>", line 1, in <module>
TypeError: get_size() missing 1 required positional argument: 'self'
```

---

※監訳注1
本書では、class 定義の際に、object を明示的に継承元にしているコードが登場する。この object は、新スタイルクラスを表すための Python 2 の記法であり、Python 3 ではすべてのクラスが Python 2 でいう新スタイルクラスなので記述が不要である。class Pizza: とするほうがスマートである。ただし、Python 2 系との互換性を保つために object を継承するケースが見受けられる。

必須引数である self が指定されていないというエラーが示されています。実際問題として、get_ size はどのオブジェクトにもバインドされていないため、self 引数を自動的に設定することはできません。ただし、このクラスのインスタンスを渡せば、get_size メソッドを呼び出せます。さらには、get_size メソッドが期待するプロパティを持っているものであれば、「任意」のオブジェクトを渡すという方法でも get_size メソッドを呼び出すことができます。

```
>>> Pizza.get_size(Pizza(42))
42
```

そして予告したとおり、この呼び出しはうまくいきます。ただし、使い勝手があまりよいとはいえません。Pizza クラスのメソッドの 1 つを呼び出すたびに、このクラスを参照する必要があるからです。

ここで Python が予想を超える働きを見せます。何と、クラスのメソッドをそのインスタンスにバインドするのです。つまり、どの Pizza インスタンスからでも get_size メソッドにアクセスできるだけではなく、このメソッドの self パラメータにオブジェクトが自動的に渡されるのです。

```
>>> Pizza(42).get_size
<bound method Pizza.get_size of <__main__.Pizza object at 0x7f3138827910>>
>>> Pizza(42).get_size()
42
```

期待したとおり、get_size はバインドされたメソッドであるため、引数を渡す必要はありません。つまり、get_size メソッドの self 引数には Pizza インスタンスが自動的に設定されます。次の例を見れば、もっとよくわかるはずです。

```
>>> m = Pizza(42).get_size
>>> m()
42
```

バインドされたメソッドへの参照さえあれば、Pizza オブジェクトへの参照を維持する必要すらあ

りません。さらに、メソッドへの参照があり、どのオブジェクトにバインドされているのかを突き止めたいという場合は、そのメソッドの __self__ プロパティを調べればよいだけです。

```
>>> m = Pizza(42).get_size
>>> m.__self__
<__main__.Pizza object at 0x7f3138827910>
>>> m == m.__self__.get_size
True
```

言うまでもなく、オブジェクトへの参照は保持されており、必要に応じて調べることができます。

# 7.3 静的メソッド

**静的メソッド**（static method）はクラスのインスタンスではなくクラスに属しているため、クラスのインスタンスを操作したりインスタンスに影響を与えたりすることはありません。静的メソッドが操作するのは、そのパラメータに渡される引数です。静的メソッドはクラスやオブジェクトの状態に依存しないため、一般にユーティリティ関数の作成に使用されます。

たとえば、リスト 7-8 に示されている静的メソッド mix_ingredients は Pizza クラスに属していますが、実際には、他の食品の材料を混ぜ合わせるために使用することが可能です。

●リスト 7-8：静的メソッドをクラスの一部として作成する

```
class Pizza(object):
    @staticmethod
    def mix_ingredients(x, y):
        return x + y

    def cook(self):
        return self.mix_ingredients(self.cheese, self.vegetables)
```

mix_ingredients を非静的メソッドとして記述したければそうすることもできますが、実際には使用されない self 引数を受け取ることになります。@staticmethod デコレータを使用することには、いくつかのメリットがあります。

1つ目はスピードです。というのも、Pizza オブジェクトを作成するたびに Python がバインドされたメソッドをインスタンス化しなくてもよくなるからです。バインドされたメソッドもオブジェクトであり、たとえわずかであろうと、それらの作成には CPU とメモリが使用されます。静的メソッドを利用すれば、そうしたことを回避できます。

```
>>> Pizza().cook is Pizza().cook
False
>>> Pizza().mix_ingredients is Pizza.mix_ingredients
True
>>> Pizza().mix_ingredients is Pizza().mix_ingredients
True
```

2つ目は、静的メソッドによってコードが読みやすくなることです。@staticmethod を見れば、そのメソッドがオブジェクトの状態に依存しないことがわかります。

3つ目は、静的メソッドをサブクラスでオーバーライドできることです。たとえば、静的メソッドの代わりに、モジュールのトップレベルで定義される mix_ingredients 関数を使用していたとしましょう。この場合、Pizza を継承するクラスは、cook メソッドをオーバーライドしない限り、ピザの材料を混ぜ合わせる方法を変更できません。静的メソッドを使用する場合は、サブクラスがその目的に合わせて静的メソッドをオーバーライドできます。

残念ながら、メソッドが静的かどうかを Python が常に自力で検出できるとは限りません。筆者はこれを、言語の設計上の不備であると考えています。1つのアプローチとして、flake8 を使ってそうしたパターンを検出し、警告を生成するチェックを追加することが考えられます。具体的な方法については、「9.2　AST をチェックするように flake8 を拡張する」で説明することにします。

# 7.4　クラスメソッド

**クラスメソッド**（class method）は、インスタンスではなくクラスにバインドされるメソッドです。つまり、それらのメソッドはオブジェクトの状態にはアクセスできませんが、クラスの状態とメソッドにはアクセスできます。クラスメソッドを作成するコードは、リスト7-9のようになります※訳注1。

●リスト7-9：クラスメソッドはクラスにバインドされる

```
>>> class Pizza(object):
...     radius = 42
...     @classmethod
...     def get_radius(cls):
...         return cls.radius
...
>>> Pizza.get_radius
<bound method type.get_radius of <class '__main__.Pizza'>>
>>> Pizza().get_radius
<bound method type.get_radius of <class '__main__.Pizza'>>
>>> Pizza.get_radius is Pizza().get_radius
True
>>> Pizza.get_radius()
42
```

　このように、get_radius クラスメソッドにアクセスする方法はいろいろありますが、どの方法をとったとしても、このメソッドは常に定義元のクラスにバインドされます。また、その第1引数はクラスでなければなりません。クラスもオブジェクトであることを思い出してください。

　クラスメソッドの主な用途は、何と言っても**ファクトリメソッド**の作成です。ファクトリメソッドは、__init__ とは異なるシグネチャを使ってオブジェクトをインスタンス化します。

---

※訳注1
Python 3.8.1/3.7.3 では、Pizza.get_radius is Pizza().get_radius は False になる。

```
class Pizza(object):
    def __init__(self, ingredients):
        self.ingredients = ingredients

    @classmethod
    def from_fridge(cls, fridge):
        return cls(fridge.get_cheese() + fridge.get_vegetables())
```

　ここで @classmethod の代わりに @staticmethod を使用していた場合は、Pizza クラスの名前をメソッドにハードコーディングする必要があり、Pizza を継承するクラスはどれも、それぞれの目的にファクトリを利用できなくなっていたでしょう。しかし、この場合は、Fridge オブジェクトを渡すことができる from_fridge ファクトリメソッドが提供されています。このメソッドを Pizza.from_fridge(myfridge) のように呼び出した場合、myfridge に含まれている材料でできた新しい Pizza が返されます。

　オブジェクトのクラスのみに関心があり、オブジェクトの状態には関心がないメソッドを記述する場合は、常にクラスメソッドとして宣言してください。

# 7.5　抽象メソッド

　**抽象メソッド**（abstract method）は、抽象基底クラスで定義されるメソッドであり、必ずしも実装を提供しません。抽象メソッドを持つクラスはインスタンス化できません。このため、**抽象クラス**（抽象メソッドが少なくとも1つ定義されているクラス）は、別のクラスのスーパークラスとして使用しなければなりません。抽象クラスのサブクラスでは、抽象メソッドを実装することで、スーパークラスをインスタンス化できるようにする必要があります。

　抽象基底クラスは、このクラスを継承する他の関連クラスとの関係を明らかにするために使用できますが、抽象基底クラス自体はインスタンス化できなくなります。抽象基底クラスを使用すれば、派生クラスで基底クラスの特定のメソッドを実装し、それらのメソッドを実装しない場合は例外を送出させることができます。Python で抽象メソッドを作成する最も簡単な方法は、次のようになります。

```
class Pizza(object):
    @staticmethod
    def get_radius():
        raise NotImplementedError
```

　この定義では、Pizza を継承するクラスはすべて get_radius メソッドを実装し、オーバーライドしなければなりません。そうしないと、このメソッドの呼び出しによって、次に示すような例外が送出されることになります。この手法は、Pizza の各サブクラスにその半径を計算して返す独自の方法を実装させるのに便利です。

　この抽象メソッドの実装方法には欠点があります。Pizza を継承するクラスを記述するときに get_radius メソッドを実装し忘れたとしても、そのメソッドを実行時に使用するときまでエラーが発生しないことです。例を見てみましょう。

```
>>> Pizza()
<__main__.Pizza object at 0x7fb747353d90>
>>> Pizza().get_radius()
Traceback (most recent call last):
  File "<stdin>", line 1, in <module>
  File "<stdin>", line 3, in get_radius
    raise NotImplementedError
NotImplementedError
```

　Pizza は直接インスタンス化できるため、この問題が起きないようにする手立てはありません。メソッドの実装とオーバーライドを忘れている、あるいは抽象メソッドを持つクラスをインスタンス化しようとしていることが早い段階に警告されるようにする方法の１つは、Python の組み込みモジュール abc（abstract base classes）を使用することです。

```
import abc

class BasePizza(object, metaclass=abc.ABCMeta):
    @abc.abstractmethod
    def get_radius(self):
        """Method that should do something."""
```

abc モジュールは、抽象メソッドとして定義されるメソッドに適用する一連のデコレータと、これを可能にするメタクラスを提供します。前述のように、abc モジュールとその特別な metaclass を使用する場合、get_radius メソッドをオーバーライドせずに BasePizza またはその派生クラスをインスタンス化すると、TypeError になります。

```
>>> BasePizza()
Traceback (most recent call last):
  File "<stdin>", line 1, in <module>
TypeError: Can't instantiate abstract class BasePizza with abstract methods get_radius
```

抽象クラス BasePizza をインスタンス化しようとすると、それが不可能であることがすぐに通知されます。

抽象メソッドを使用したからといってそのメソッドが実装されるという保証はありませんが、このデコレータはエラーを早い段階にキャッチするのに役立ちます。これが特に役立つのは、他の開発者によって実装されなければならないインターフェイスを提供している場合であり、文書化によるよいヒントになります。

# 7.6　静的メソッド、クラスメソッド、抽象メソッドを組み合わせて使用する

これらのデコレータはどれも単体で有益ですが、それらを一緒に使用しなければならないときが来るかもしれません。

たとえば、ファクトリメソッドをクラスメソッドとして定義し、サブクラスで実装させることが考えられます。その場合は、クラスメソッドが抽象メソッドかつクラスメソッドとして定義されている必要があるでしょう。ここでは、その際に役立つヒントをいくつか示すことにします。

まず、抽象メソッドのプロトタイプは変更のきかないものではありません。抽象メソッドを実装する際には、引数リストを自由に拡張できます。スーパークラスの抽象メソッドのシグネチャをサブクラスで変更するコードは、リスト 7-10 のようになります。

●リスト 7-10：スーパークラスの抽象メソッドのシグネチャをサブクラスで拡張する

```python
import abc

class BasePizza(object, metaclass=abc.ABCMeta):
    @abc.abstractmethod
    def get_ingredients(self):
        """Returns the ingredient list."""

class Calzone(BasePizza):
    def get_ingredients(self, with_egg=False):
        egg = Egg() if with_egg else None
        return self.ingredients + [egg]
```

　BasePizza クラスを継承するサブクラス Calzone が定義されています。Calzone サブクラスのメソッドは、BasePizza で定義されているインターフェイスをサポートしている限り、どのように定義しても構いません。これには、それらのメソッドをクラスメソッドか静的メソッドとして実装することが含まれます。次の例では、スーパークラスで抽象メソッド get_ingredients を定義し、サブクラス DietPizza で静的メソッド get_ingredients を定義しています。

```python
import abc

class BasePizza(object, metaclass=abc.ABCMeta):

    @abc.abstractmethod
    def get_ingredients(self):
        """Returns the ingredient list."""

class DietPizza(BasePizza):
    @staticmethod
    def get_ingredients():
        return None
```

静的メソッド get_ingredients はオブジェクトの状態に基づく結果を返しませんが、抽象クラス BasePizza のインターフェイスをサポートしているため、依然として有効です。

また、メソッドがたとえば静的メソッドであると同時に抽象メソッドであることを示すために、@abstractmethod デコレータに加えて @staticmethod デコレータまたは @classmethod デコレータを使用することもできます（リスト 7-11）。

●リスト 7-11：抽象メソッドでクラスメソッドデコレータを使用する

```
import abc

class BasePizza(object, metaclass=abc.ABCMeta):

    ingredients = ['cheese']

    @classmethod
    @abc.abstractmethod
    def get_ingredients(cls):
        """Returns the ingredient list."""
        return cls.ingredients
```

抽象メソッド get_ingredients はサブクラスで実装される必要がありますが、このメソッドはクラスメソッドでもあるため、最初の引数は（オブジェクトではなく）クラスになります。

このように、get_ingredients を BasePizza でクラスメソッドとして定義すると、サブクラスは get_ingredients をクラスメソッドとして定義するようには強制しなくなります。つまり、通常のメソッドとして定義したければ、そうすることもできるわけです。get_ingredients を静的メソッドとして定義していた場合にも同じことが当てはまります。つまり、サブクラスに抽象メソッドを特殊なメソッドとして実装させる方法はありません。このように、抽象メソッドをサブクラスで実装する際には、そのシグネチャを好きなように変更できます。

## 抽象メソッドに実装を配置する

あれ、ちょっと待ってください。リスト 7-12 では、抽象メソッドに実装が含まれています。このようなことが可能なのでしょうか。もちろんです。Python では、このようにしても問題はありません。抽象メソッドにコードを配置し、super 関数を使って呼び出せます (リスト 7-12)。

●リスト 7-12：抽象メソッドに実装を配置する

```
import abc

class BasePizza(object, metaclass=abc.ABCMeta):

    default_ingredients = ['cheese']

    @classmethod
    @abc.abstractmethod
    def get_ingredients(cls):
        """Returns the default ingredient list."""
        return cls.default_ingredients

class DietPizza(BasePizza):
    def get_ingredients(self):
        return [Egg()] + super(DietPizza, self).get_ingredients()
```

リスト 7-12 では、BasePizza を継承するピザクラスはどれも get_ingredients メソッドをオーバーライドしなければなりませんが、それらのピザクラスは材料リストを取得するために基底クラスのデフォルトのメカニズムにもアクセスできます。このメカニズムはとりわけ、実装の対象となるインターフェイスを提供する一方で、すべての派生クラスにとって有益と思われるベースコードも提供する場合に役立ちます。

## super の知られざる事実

Python はこれまで、単一継承と多重継承の両方を使ってクラスを拡張することを開発者に許可してきました。しかし、現在でも多くの開発者が、これらのメカニズムと、それらに関連する super 関

数の仕組みを理解していないように思えます。コードを完全に理解するには、トレードオフを理解する必要があります。

多重継承はさまざまな場所で使用されますが、特に Mixin パターンに基づくコードでよく使用されます。**mixin**（ミックスイン）とは、他の複数のクラスを継承し、それらの機能を兼ね備えているクラスのことです。

> NOTE 単一継承と多重継承、合成、さらにはダックタイピングの長所と短所の多くは本書の適用範囲を超えているため、ここでは取り上げません。これらの概念になじみがない場合は、それらに関する文献を読み、自身の意見をまとめておくことをお勧めします。

すでに説明したように、Python ではクラスはオブジェクトです。クラスを作成するために使用される構文 class クラス名 ( 継承式 ) は特殊な文であり、よく理解しておく必要があります。

丸かっこで囲まれているコードは、クラスの親として使用されるクラスオブジェクトのリストを返す Python 式です。通常は直接指定しますが、次のようなコードを使って親オブジェクトのリストを指定することも可能です。

```
>>> def parent():
...     return object
...
>>> class A(parent()):
...     pass
...
>>> A.mro()
[<class '__main__.A'>, <class 'object'>]
```

このコードは期待どおりに動作します。つまり、object を親クラスとしてクラス A を宣言します。クラスメソッド mro は、属性の解決に使用される**メソッド解決順序**（Method Resolution Order：MRO）を返します。MRO は、クラス間の継承ツリーをもとに、次に呼び出すメソッドを特定する方法を定義します。現在の MRO システムは Python 2.3 で最初に実装されたものであり、その内部の仕組みは Python 2.3 のリリースノートで説明されています。このリリースノートには、システムがクラス間の継承ツリーをたどって次に呼び出すメソッドをどのように特定するのかが記載されています。

super 関数の使用が親クラスのメソッドを呼び出す標準的な方法であることはすでに説明したとおりですが、super が実際にはコンストラクタで、それを呼び出すたびに super オブジェクトをインスタンス化していることは知らなかったのではないでしょうか。super は 1 つまたは 2 つの引数をとります。第 1 引数はクラスであり、第 2 引数はオプションで、1 つ目の引数のサブクラスかインスタンスのどちらかになります[※監訳注1]。

　このコンストラクタから返されるオブジェクトは、第 1 引数の親クラスのプロキシとなります。このオブジェクトには __getattribute__ メソッドが定義されており、MRO リスト内のクラスを順番に処理して最初にマッチした属性を返します。__getattribute__ メソッドは、super オブジェクトの属性が取得されたときに呼び出されます（リスト 7-13）。

● リスト 7-13：super 関数は super オブジェクトをインスタンス化するコンストラクタ

```
>>> class A(object):
...     bar = 42
...     def foo(self):
...         pass
...
>>> class B(object):
...     bar = 0
...
>>> class C(A, B):
...     xyz = 'abc'
...
>>> C.mro()
[<class '__main__.C'>, <class '__main__.A'>, <class '__main__.B'>, <class 'object'>]
>>> super(C, C()).bar
42
>>> super(C, C()).foo
<bound method C.foo of <__main__.C object at 0x7f0299255a90>>
>>> super(B).__self__
>>> super(B, B()).__self__
<__main__.B object at 0x1096717f0>
```

※監訳注1
実際には、引数なしで super が呼び出せる。167 ページの記述も参照のこと。

Cのインスタンスのsuperオブジェクトの属性をリクエストすると、superオブジェクトの \_\_getattribute\_\_メソッドがMROリストを順番に処理し、super属性を持つものとして最初に検出されたクラスの属性を返します。

リスト7-13では、super関数を2つの引数で呼び出しているため、バインドされたsuperオブジェクトを使用したことになります。super関数を1つの引数で呼び出した場合は、バインドされていないsuperオブジェクトが返されます。

```
>>> super(C)
<super: <class 'C'>, NULL>
```

第2引数としてインスタンスが渡されていないため、superオブジェクトはどのインスタンスにもバインドできません。したがって、このバインドされていないオブジェクトを使ってクラス属性にアクセスすることはできません。実際に試してみると、次のようなエラーになります。

```
>>> super(C).foo
Traceback (most recent call last):
  File "<stdin>", line 1, in <module>
AttributeError: 'super' object has no attribute 'foo'
>>> super(C).bar
Traceback (most recent call last):
  File "<stdin>", line 1, in <module>
AttributeError: 'super' object has no attribute 'bar'
>>> super(C).xyz
Traceback (most recent call last):
  File "<stdin>", line 1, in <module>
AttributeError: 'super' object has no attribute 'xyz'
```

一見すると、このバインドされていないsuperオブジェクトは無意味なものに思えるかもしれません。しかし、実際には、superクラスによるデスクリプタプロトコル \_\_get\_\_ の実装方法により、バインドされていないsuperオブジェクトはクラス属性として役立ちます。

```
>>> class D(C):
...     sup = super(C)
...
>>> D().sup
<super: <class 'C'>, <D object>>
>>> D().sup.foo
<bound method A.foo of <__main__.D object at 0x7f0299255bd0>>
>>> D().sup.bar
42
```

バインドされていない super オブジェクトの __get__ メソッドは、インスタンス super(C).__get__(D()) と属性名 'foo' を引数として呼び出されるため、foo を見つけ出して解決できます。

super の使用に際しては、継承チェーンをたどってさまざまなメソッドシグネチャを処理する場合など、慎重さが要求される場面が多々あります。残念ながら、すべての状況に対処できる確実な方法はありません。最善の予防策は、すべてのメソッドで引数を *args、**kwargs で受け取るといった方法を用いることです。

Python 3 以降では、super がちょっとした魔法を使えるようになりました。というのも、super 関数をメソッド内から引数なしで呼び出せるようになったからです。引数が渡されない場合、super は引数をスタックフレームで自動的に検索します。

```
class B(A):
    def foo(self):
        super().foo()
```

サブクラスでスーパークラスの属性にアクセスする標準的な方法は super であり、常に super を使用すべきです。このようにすれば、スーパークラスのメソッドが呼び出されない、あるいは多重継承の使用時に 2 回呼び出されるといった予想外の事態を招くことなく、スーパークラスのメソッドを呼び出せるようになります。

## 7.7    まとめ

本章で学んだことを身につければ、Python でのメソッド定義に関する知識に関しては誰とでも渡り合えるようになるでしょう。コードの共有化にデコレータは不可欠であり、Python に組み込まれているデコレータを正しく使用すれば、Python コードの簡潔さを大いに高めることができます。他の開発者やサービスに API を提供する際には、抽象クラスが特に役立ちます。

クラス継承は十分に理解されていないことが多く、言語の内部のメカニズムを大まかに理解しておくことは、クラス継承の仕組みを十分に理解するための早道です。このテーマに関して、秘密の部分はもう残っていないはずです。

# 8

# 第8章　関数型プログラミング

多くのPython開発者は、Pythonで関数型プログラミングをどの程度まで使用できるかを知らないままであり、それは残念なことです。関数型プログラミングでは、ほぼ例外なく、より簡潔で効率のよいコードを記述できるからです。さらに、Pythonは関数型プログラミングを広い範囲にわたってサポートしています。

本章では、ジェネレータの作成と使用を含め、Pythonの関数型プログラミングの特徴をいくつか取り上げます。最も便利な関数型パッケージと利用可能な関数に加えて、それらを組み合わせて最も効率のよいコードを記述する方法がわかるでしょう。

# 8.1 純粋関数を作成する

　関数型のスタイルでコードを記述する際、関数は副作用がないように設計されます。この場合、関数は入力を受け取って出力を生成するものとなり、状態を維持したり、戻り値に反映されないものを変更したりすることはありません。この理想に従う関数を**純粋関数**（pure function）と呼びます。

　まず、通常の非純粋関数の例を見てみましょう。この関数はリストの最後の要素を削除します。

```python
def remove_last_item(mylist):
    """Removes the last item from a list."""
    mylist.pop(-1)     # mylist を書き換える
```

この関数を純粋関数に書き換えると、次のようになります。

```python
def butlast(mylist):
    return mylist[:-1]     # mylist のコピーを返す
```

　ここでは、「元のリストを変更することなく最後の要素を含まないリストを返す」という点で、Lispの butlast のような働きをする butlast 関数を定義しています。この関数は、リストのコピーを変更した上で返すことで、元のリストを維持できるようにします。

　関数型プログラミングには、次に挙げるような実践的なメリットがあります。

**モジュール性**

　　関数型のコーディングスタイルでは、個々の問題を解決するにあたってある程度の分離が不可避となるため、コードの各部分を他のコンテキストで再利用しやすくなります。関数が外部の変数や状態に依存することはないため、別のコードから直接呼び出せます。

多くの場合、関数型プログラミングは他のパラダイムよりも簡潔です。

**並行性**

純粋関数型の関数はスレッドセーフであり、同時に実行できます。これを自動的に行う関数型言語もあり、アプリケーションのスケーリングが必要な場合は大きな助けになる可能性がありますが、Python はまだそのようにはなっていません。

**テスト可能性**

関数型プログラムのテストは非常に簡単であり、一連の入力と期待される出力を用意するだけです。関数型プログラムは**冪等**（idempotent）であり、同じ関数を同じ引数で何回呼び出したとしても、常に同じ結果になります。

# 8.2　ジェネレータ

**ジェネレータ**（generator）は、StopIteration が送出されるまで next メソッド[※監訳注1]が呼び出されるたびに値を生成して返す点で、イテレータと同じような働きをするオブジェクトです。ジェネレータは PEP 255 で初めて導入され、**イテレータプロトコル**（iterator protocol）[※注1]を実装するオブジェクトを簡単に作成できる手段を提供します。厳密に言えば、ジェネレータを関数型スタイルで記述する必要はないのですが、そのようにするとコードを記述したりデバッグしたりするのが容易になるため、一般的なプラクティスとなっています。

ジェネレータを作成するには、単に yield 文を含んだ通常の Python 関数を記述するだけです。Python は yield が使用されていることに気付くと、その関数をジェネレータとして認識します。実行制御が yield 文に到達すると、関数が return 文と同じように値を返しますが、注目すべき違いが1つあります。インタープリタがスタック参照を保存し、next メソッドが再び呼び出されたときに、保存しておいたスタック参照を使って関数の実行を再開することです。

---

※監訳注1
Python 3 では仕様が変わり、__next__ という特殊メソッドになった。以降の例でも出てくるが、注意したい。

※注1
https://docs.python.org/ja/3/library/stdtypes.html#iterator-types

　関数が実行されると、それらの実行の連鎖によって**スタック**（stack）が生成されます。関数呼び出しは「スタックに積まれた」と見なされます。関数がリターン（return）するときには、関数がスタックから削除され、関数から返される値が呼び出し元に渡されます。ジェネレータの場合、関数は実際にはリターーンするのではなく**イールド**（yield）します。このため、Python は関数の状態をスタック参照として保存し、ジェネレータの次のイテレーションが必要になったときに、保存しておいたポイントからジェネレータの実行を再開します。

## ジェネレータを作成する

　先に述べたように、ジェネレータを作成するには、通常の関数を記述し、関数の本体に yield 文を追加します。リスト 8-1 で作成している mygenerator というジェネレータには、3 つの yield 文が含まれています。つまり、次の 3 つの next 呼び出しでイテレーションを 3 回行うことになります。

●リスト 8-1：イテレーションを 3 回行うジェネレータを作成する

```
>> def mygenerator():
...     yield 1
...     yield 2
...     yield 'a'
...
>>> mygenerator()
<generator object mygenerator at 0x10d77fa50>
>>> g = mygenerator()
>>> next(g)
1
>>> next(g)
2
>>> next(g)
'a'
>>> next(g)
Traceback (most recent call last):
  File "<stdin>", line 1, in <module>
StopIteration
```

yield 文を使い果たすと、次の next 呼び出しで StopIteration が送出されます。

Python のジェネレータは、関数が何かをイールドするときにスタック参照を保存し、next 呼び出しが再び実行されたときに保存しておいたスタックを復元します。

データの反復処理にジェネレータを使用しない安直な方法では、最初にリスト全体が構築されますが、たいていはメモリの無駄遣いになります。

たとえば、1 から 10,000,000 までの間で 50,000 に等しい最初の数字を見つけ出したいとしましょう。簡単そうですね。もう少しハードルを上げましょう。メモリが 128MB に制限された状態で Python を実行し、最初にリスト全体を構築する安直な方法を試してみることにします。

```
$ ulimit -v 131072
$ python3
>>> a = list(range(10000000))
```

この単純な方法では最初にリストの構築を試みますが、ここまでのコードを実行してみると、次のようになります。

```
Traceback (most recent call last):
  File "<stdin>", line 1, in <module>
MemoryError
```

たった 128MB のメモリでは、1000 万個のアイテムからなるリストは構築できないようです。

> 注意！　Python 3 では、range() はイテレーションの際にジェネレータを返します。Python 2 でジェネレータを取得するには、代わりに xrange 関数を使用しなければなりません。この関数は Python 3 では冗長であるため、すでに存在していません。

同じ 128MB の制限下で、今度はジェネレータを使用してみましょう。

```
$ ulimit -v 131072
$ python3
>>> for value in range(10000000):
...     if value == 50000:
...         print("Found it")
...         break
...
Found it
```

　今回は、コードは問題なく実行されました。イテレーションの際、range クラスは整数の数列を動的に生成するジェネレータを返します。しかも、この例では 50,000 番目の数字のみに関心があるため、ジェネレータはリストを完全に作成せず、50,000 個の数字を生成したところで処理を停止しています。

　ジェネレータは値を動的に生成することにより、メモリ消費と処理サイクルを最低限に抑えた上で大きなデータセットを処理できるようにします。膨大な数の値を扱う必要がある場合、ジェネレータはそれらの値を効率よく処理するのに役立ちます。

## yield による値の受け渡し

　yield 文は関数呼び出しと同じ方法で値を返すこともできますが、この機能はあまり使用されていません。この機能を利用すれば、send メソッドを呼び出してジェネレータに値を渡すことができます。send メソッドを使用する例として、shorten という関数を作成してみましょう。この関数は、文字列からなるリストを受け取り、同じ文字列からなるリストを返しますが、それらの文字列は切り詰められた状態で返されます（リスト 8-2）。

●リスト 8-2：send メソッドを使って値を返す

```
def shorten(string_list):
    length = len(string_list[0])
    for s in string_list:
        length = yield s[:length]

mystringlist = ['loremipsum', 'dolorsit', 'ametfoobar']
shortstringlist = shorten(mystringlist)
result = []
```

```
try:
    s = next(shortstringlist)
    result.append(s)
    while True:
        number_of_vowels = sum(1 for _ in filter(lambda letter: letter in 'aeiou', s))
        # 1つ前の文字列の母音の数に基づいて次の文字列を切り詰める
        s = shortstringlist.send(number_of_vowels)
        result.append(s)
except StopIteration:
    pass
```

　リスト 8-2 では、shorten という関数を作成しています。この関数は、文字列からなるリストを受け取り、同じ文字列からなるリストを返しますが、それらの文字列は切り詰められた状態で返されます。各文字列は、1 つ前の文字列に含まれている母音の個数と同じ長さに切り詰められます。loremipsum の母音は 4 つなので、ジェネレータが返す 2 つ目の値は dolorsit の最初の 4 文字になります。dolo の母音は 2 つだけなので、ametfoobar は最初の 2 文字である am に切り詰められます。ジェネレータはそこで処理を終了し、StopIteration を送出します。したがって、このジェネレータは次の文字列を返します。

```
['loremipsum', 'dolo', 'am']
```

　yield 文と send メソッドをこのように使用すると、Python ジェネレータを Lua や他の言語で見られる**コルーチン**（coroutine）のように機能させることができます。

　PEP 289 ではジェネレータ式が導入され、リスト内包表記に似た構文を使って 1 行ジェネレータを構築できるようになりました。

```
>>> (x.upper() for x in ['hello', 'world'])
<generator object <genexpr> at 0x7ffab3832fa0>
>>> gen = (x.upper() for x in ['hello', 'world'])
>>> list(gen)
['HELLO', 'WORLD']
```

この例の gen は、ここまで使用してきた yield 文と同様に、ジェネレータです。この場合の yield 文は暗黙的です。

## ジェネレータを調べる

関数がジェネレータと見なされるかどうかを判断するには、inspect.isgeneratorfunction 関数を使用します。単純なジェネレータを作成してチェックする方法は、リスト 8-3 のようになります。

●リスト 8-3：関数がジェネレータかどうかをチェックする

```
>>> import inspect
>>> def mygenerator():
...     yield 1
...
>>> inspect.isgeneratorfunction(mygenerator)
True
>>> inspect.isgeneratorfunction(sum)
False
```

isgeneratorfunction 関数を使用するために inspect パッケージをインポートし、続いてチェックしたい関数の名前を isgeneratorfunction 関数に渡すだけです。isgeneratorfunction 関数のソースコードを見れば、Python がどのようにして関数をジェネレータと判別するのかがわかります（リスト 8-4）。

●リスト 8-4：inspect.isgeneratorfunction 関数のソースコード[※監訳注 2]

```
def isgeneratorfunction(object):
    """Return true if the object is a user-defined generator function.

    Generator function objects provides same attributes as functions.
```

---

※監訳注 2
ここで紹介されているコードは少し古い。最新のコードは GitHub で参照できる。
https://github.com/python/cpython/blob/master/Lib/inspect.py
仮引数が object から obj に変わっており、実装自体が別の関数になっている。最新の実装では、functools.partial ラッパーにも対応した変更が行われている。

```
            See help(isfunction) for attributes listing."""

        return bool((isfunction(object) or ismethod(object)) and
                        object.func_code.co_flags & CO_GENERATOR)
```

isgeneratorfunction 関数は、オブジェクトが関数またはメソッドであることと、そのコードで CO_GENERATOR フラグが設定されていることを確認します。この例から、Python の内部の仕組みを理解するのがいかに簡単であるかがわかります。

inspect パッケージには、ジェネレータの現在の状態を明らかにする getgeneratorstate 関数が含まれています。この関数を mygenerator 関数のさまざまな実行ポイントで使用してみましょう。

```
>>> import inspect
>>> def mygenerator():
...     yield 1
...
>>> gen = mygenerator()
>>> gen
<generator object mygenerator at 0x7f94b44fec30>
>>> inspect.getgeneratorstate(gen)
❶ 'GEN_CREATED'
>>> next(gen)
1
>>> inspect.getgeneratorstate(gen)
❷ 'GEN_SUSPENDED'
>>> next(gen)
Traceback (most recent call last):
  File "<stdin>", line 1, in <module>
StopIteration
>>> inspect.getgeneratorstate(gen)
❸ 'GEN_CLOSED'
```

このようにして、ジェネレータが実行されるのを待っているのか（GEN_CREATED）❶、next の呼び出しによって再開されるのを待っているのか（GEN_SUSPENDED）❷、それとも実行を終了しているのか（GEN_CLOSED）❸を判断できます。この方法は、ジェネレータのデバッグに役立つかもしれません。

# 8.3 リスト内包

　**リスト内包**（list comprehension）、略して **listcomp** は、リストの内容を宣言時にインラインで定義できる機能です。リストをリスト内包にするには、通常どおりに角かっこ（[]）で囲む必要がありますが、それに加えて、リストの要素を生成する式とそれらを処理する for ループも指定しなければなりません。
　リスト内包表記を使用せずにリストを作成する方法は、次のようになります。

```
>>> x = []
>>> for i in (1, 2, 3):
...     x.append(i)
...
>>> x
[1, 2, 3]
```

リスト内包表記を使って同じリストを1行で作成する方法は、次のようになります。

```
>>> x = [i for i in (1, 2, 3)]
>>> x
[1, 2, 3]
```

　リスト内包表記を使用する方法には利点が2つあります。リスト内包を使用すると、通常はコードが短くなり、Python が実行する処理の数が少なくなります。リストを作成して append を繰り返し呼出すのではなく、一連のアイテムを作成して、それらを新しいリストに移動する作業を1つの処理で行うことができます。
　また、複数の for 文を組み合わせて使用し、if 文を使ってアイテムを絞り込むこともできます。次のコードは、単語のリストを作成し、リスト内包を使って各単語の1文字目を大文字にし、複数の単語からなるアイテムを単語ごとに分割し、余計な or を削除します。

```
>>> x = [word.capitalize()
...      for line in ("hello world?", "world!", "or not")
...      for word in line.split()
...      if not word.startswith("or")]
>>> x
['Hello', 'World?', 'World!', 'Not']
```

　このコードには for ループが2つあります。1つ目はテキスト行を処理し、2つ目はそれらの行に含まれている単語を処理します。最後の if 文は、or で始まる単語を取り除いて最終的なリストに含まれないようにします。

　for ループの代わりにリスト内包を使用すれば、リストを手際よく定義できます。まだ関数型プログラミングの説明の途中なので、リスト内包を用いて作成されたリストをプログラムの状態に依存させるべきではないという点に注意してください。つまり、リストの作成時に変数を書き換えることは想定されていないのです。このため、リスト内包を使用せずに作成されたリストよりも、たいていは簡潔で読みやすいリストになります。

　また、ディクショナリやセットを作成するための同じような構文も存在します※監訳注3。

```
>>> {x:x.upper() for x in ['hello', 'world']}
{'hello': 'HELLO', 'world': 'WORLD'}
>>> {x.upper() for x in ['hello', 'world']}
{'WORLD', 'HELLO'}
```

---

※監訳注3
Python 3.6 以降では、次のような結果となる。

```
>>> {x: x.upper() for x in ["hello", "world"]}
{'hello': 'HELLO', 'world': 'WORLD'}
>>> {x.upper() for x in ["hello", "world"]}
{'WORLD', 'HELLO'}
```

# 8.4 関数型の関数を使用する

　関数型プログラミングを使ってデータを操作する際には、同じ問題に繰り返し遭遇することが考えられます。この状況にうまく対処するために、Python には関数型プログラミング用の関数が数多く用意されています。こうした組み込み関数を利用すれば、完全な関数型プログラムを構築できます。ここでは、それらの組み込み関数をいくつか簡単に紹介します。どのような関数を利用できるのかがわかったら、さらに詳しく調べて、コードに適用できそうな場所でぜひ実際に試してみてください。

## map を使ってリストに関数を適用する

　map は map(function, iterable) 形式で使用する関数であり、iterable 内の各要素に function を適用します。Python 2 ではリストを返し、Python 3 ではイテラブルな map オブジェクトを返します（リスト 8-5）。

●リスト 8-5：Python 3 で map 関数を使用する

```
>>> map(lambda x: x + "bzz!", ["I think", "I'm good"])
<map object at 0x7fe7101abdd0>
>>> list(map(lambda x: x + "bzz!", ["I think", "I'm good"]))
['I thinkbzz!', "I'm goodbzz!"]
```

　また、リスト内包を使って map 関数と同等のコードを記述することも可能です。

```
>>> (x + "bzz!" for x in ["I think", "I'm good"])
<generator object <genexpr> at 0x7f9a0d697dc0>
>>> [x + "bzz!" for x in ["I think", "I'm good"]]
['I thinkbzz!', "I'm goodbzz!"]
```

## filter を使ってリストをフィルタリングする

filter は filter(function) 形式（function は、None または iterable でも可）で使用する関数であり、function から返された結果に基づいて iterable 内の要素をフィルタリングします。Python 2 ではリストを返し、Python 3 ではイテラブルな filter オブジェクトを返します。

```
>>> filter(lambda x: x.startswith("I "), ["I think", "I'm good"])
<filter object at 0x7f9a0d636dd0>
>>> list(filter(lambda x: x.startswith("I "), ["I think", "I'm good"]))
['I think']
```

また、リスト内包を使って filter 関数と同等のコードを記述することも可能です。

```
>>> (x for x in ["I think", "I'm good"] if x.startswith("I "))
<generator object <genexpr> at 0x7f9a0d697dc0>
>>> [x for x in ["I think", "I'm good"] if x.startswith("I ")]
['I think']
```

## enumerate を使ってインデックスを取得する

enumerate は enumerate(iterable, start) 形式（start は省略可能）で使用する関数であり、タプルのシーケンスを提供するイテラブルオブジェクトを返します。各タプルは、整数のインデックス（start が指定された場合は、そこから始まる）と、iterable 内の対応する要素で構成されます。この関数は、配列のインデックスを参照するコードを記述しなければならない場合に役立ちます。たとえば、次のようなコードを記述するとしましょう。

```
i = 0
while i < len(mylist):
    print("Item %d: %s" % (i, mylist[i]))
    i += 1
```

enumerate 関数を使うと、同じことをもう少し効率よく行えます。

```
for i, item in enumerate(mylist):
    print("Item %d: %s" % (i, item))
```

## sorted を使ってリストをソートする

sorted は sorted(iterable, key=None, reverse=False) 形式で使用する関数であり、iterable をソートしたものを返します。key引数を使ってソートの基準値を返す関数を指定することもできます。

```
>>> sorted([("a", 2), ("c", 1), ("d", 4)])
[('a', 2), ('c', 1), ('d', 4)]
>>> sorted([("a", 2), ("c", 1), ("d", 4)], key=lambda x: x[1])
[('c', 1), ('a', 2), ('d', 4)]
```

## any と all を使って条件を満たしているアイテムを検索する

any(iterable) 関数と all(iterable) 関数は、iterable によって返された値に応じてブール値を返します。これらの単純な関数は、次の Python コードに相当します。

```
def all(iterable):
    for x in iterable:
        if not x:
            return False
    return True

def any(iterable):
    for x in iterable:
        if x:
            return True
    return False
```

これらの関数は、イテラブル内のいずれかまたはすべての値が特定の条件を満たしているかどうかをチェックするのに役立ちます。たとえば、次のコードはリストで2つの条件をチェックします。

```
mylist = [0, 1, 3, -1]
if all(map(lambda x: x > 0, mylist)):
    print("All items are greater than 0")
if any(map(lambda x: x > 0, mylist)):
    print("At least one item is greater than 0")
```

any 関数は条件を満たしている要素が少なくとも1つ存在する場合に True を返しますが、all 関数はすべての要素が条件を満している場合のみに True を返します。all 関数は空のイテラブルでも True を返します。空のイテラブルには、条件を満たしていない要素は1つも存在しないからです。

## zip を使ってリストを結合する

zip は zip(iterable1, iterable2 ...) 形式（iterable2 以降は省略可能）で使用する関数であり、複数のシーケンスを受け取ってそれらをタプルにまとめます。この関数はキーのリストと値のリストを結合して1つのディクショナリにまとめる必要がある場合に役立ちます。ここで説明している他の関数と同様に、Python 2 ではリストを返し、Python 3 ではイテラブルを返します。キーのリストを値のリストにマッピングしてディクショナリを作成する方法は、次のようになります。

```
>>> keys = ["foobar", "barzz", "ba!"]
>>> map(len, keys)
<map object at 0x7fc1686100d0>
>>> zip(keys, map(len, keys))
<zip object at 0x7fc16860d440>
>>> list(zip(keys, map(len, keys)))
[('foobar', 6), ('barzz', 5), ('ba!', 3)]
>>> dict(zip(keys, map(len, keys)))
{'foobar': 6, 'barzz': 5, 'ba!': 3}
```

---

**Python 2 と Python 3 の関数型関数**

Python 2 と Python 3 とで戻り値の型が異なることに、すでに気付いているかもしれません。Python の純粋関数型の組み込み関数のほとんどは、Python 2 ではイテラブルではなくリストを返すため、Python 3.x の同等の関数ほどメモリ効率がよくありません。コーディングに Python 2 の関数を使用することを計画している場合、それらの関数の効果が最も期待できるのは Python 3 であることを覚えておいてください。Python 2 を使用せざるを得ない場合でも、落胆する必要はありません。標準ライブラリに含まれている itertools モジュールは、これらの関数の多くに対してイテレータベースの関数（itertools.izip()、itertools.imap()、itertools.ifilter() など）を提供しています。

---

## 一般的な問題に対する解決策

まだ取り上げていない重要なツールが 1 つあります、リストを操作する際には、特定の条件を満たしている最初の要素を見つけ出したいことがよくあります。ここでは、このタスクを可能にするさまざまな方法を調べた後、最も効率的な方法である first パッケージを取り上げます。

---

### 単純なコードを使ってアイテムを検索する

次のような関数を使用すれば、ある条件を満たしている最初の要素を見つけ出せるかもしれません。

```python
def first_positive_number(numbers):
    for n in numbers:
        if n > 0:
            return n
```

first_positive_number 関数を関数型スタイルで書き換えたい場合は、そうすることもできます。

```python
def first(predicate, items):
    for item in items:
        if predicate(item):
            return item

first(lambda x: x > 0, [-1, 0, 1, 2])
```

引数として述語（predicate）が渡される関数型アプローチを用いれば、この関数を簡単に再利用できるようになります。この関数をさらに簡潔にしてみましょう。

```
# あまり効率的ではない
list(filter(lambda x: x > 0, [-1, 0, 1, 2]))[0]
# 効率的
next(filter(lambda x: x > 0, [-1, 0, 1, 2]))
```

条件を満たしている要素が存在しない場合、list(filter(...)) は IndexError を送出し、空のリストを返すことに注意してください。

単純な状況では、next メソッドを使って IndexError の送出を阻止できます。

```
>>> a = range(10)
>>> next(x for x in a if x > 3)
4
```

リスト 8-6 のコードは、条件を満たせない場合に StopIteration を送出します。この問題も、next メソッドに 2 つ目の引数を追加することによって解決できます。

●リスト 8-6：条件が満たされない場合にデフォルト値を返す

```
>>> a = range(10)
>>> next((x for x in a if x > 10), 'default')
'default'
```

このようにすると、条件を満たせない場合に、エラーではなくデフォルト値が返されるようになります。Python には、これをすべて自動的に処理してくれるパッケージがあります。

## first を使ってアイテムを検索する

　プログラムごとにリスト 8-6 の関数を記述していく代わりに、first という小さな Python パッケージをインクルードするという手があります。このパッケージを利用すれば、イテラブル内で条件と一致する最初の要素を見つけ出すことができます。具体的な方法はリスト 8-7 のようになります[訳注1]。

●リスト 8-7：リストにおいて条件を満たしている最初の要素を見つけ出す

```
>>> from first import first
>>> first([0, False, None, [], (), 42])
42
>>> first([-1, 0, 1, 2])
-1
>>> first([-1, 0, 1, 2], key=lambda x: x > 0)
1
```

　first 関数は、リストにおいて条件を満たしている要素のうち、空ではない最初の要素を返すことがわかります。

## lambda と functools を併用する

　本章では、ここまで見てきた例のかなりの部分で lambda 関数を使用してきました。lambda 関数は、map や filter といった関数型プログラミング関数の使用を促進するために Python に追加されたものです。lambda 関数を使用しない場合は、別の条件をチェックするたびにまったく新しい関数を記述しなければなりません。リスト 8-8 のコードはリスト 8-7 のコードと同等ですが、lambda 関数を使用せずに書かれています。

---

※訳注1
pip install first で first をインストールしておく必要がある。

●リスト 8-8：lambda 関数を使用せずに条件を満たしている最初の要素を見つけ出す

```python
import operator
from first import first

def greater_than_zero(number):
    return number > 0

first([-1, 0, 1, 2], key=greater_than_zero)
```

　このコードの機能はリスト 8-7 のコードとまったく同じで、リストにおいて条件を満たしている要素のうちの空ではない最初の要素を返しますが、リスト 8-7 よりもかなり面倒です。要素の個数がたとえば 42 を超えるシーケンスで最初の数を取得したい場合は、first 関数の呼び出しに関数をインラインで定義するのではなく、def を使って適切な関数を定義しなければなりません。

　このような状況を回避するのに役立つとはいえ、lambda 関数にも問題がないわけではありません。first 関数には key 引数が含まれており、この引数を使用すれば、各アイテムを引数として受け取り、そのアイテムが条件を満たしているかどうかをブール値で返す key 関数を定義できます。しかし、key 関数を渡すわけにはいきません。そのためには複数行のコードが必要になるからです。lambda 文を複数行にわたって記述することはできません。このことは lambda の大きな制限です。

　このため、必要な key ごとに新しい関数定義を作成するという面倒なパターンに戻らざるを得なくなります。他に手はないのでしょうか。

　ここで救いの手を差し伸べるのが、functools パッケージの partial 関数です。この関数は lambda の代わりに使用でき、lambda よりも柔軟です。partial 関数を使用すれば、ひねりを加えたラッパー関数を作成できます。つまり、関数の振る舞いを変更するのではなく、関数が受け取る「引数」のほうを変更するわけです。

```python
from functools import partial
from first import first

❶ def greater_than(number, min=0):
      return number > min

❷ first([-1, 0, 1, 2], key=partial(greater_than, min=42))
```

ここでは greater_than 関数を新たに定義しています。デフォルトでは、この関数の機能はリスト 8-8 の greater_than_zero 関数と同じですが、数字と比較したい値を指定できるようになっています。以前は、この値はハードコーディングされていました。ここでは、この関数と min の値を functools.partial 関数に渡すと（❶）、min が 42 に設定された新しい関数が返されます（❷）。言い換えると、新しい関数を記述し、functools.partial 関数を使って新しい関数の振る舞いを状況に合わせてカスタマイズできるということです。

ここからさらにコードを減らすことも可能です。この例は 2 つの数字を比較するだけであり、結論から言うと、まさにそのための関数が operator モジュールに組み込まれています。

```
import operator
from functools import partial
from first import first

first([-1, 0, 1, 2], key=partial(operator.lt, 0))
```

これは、位置パラメータを扱う functools.partial 関数のよい例です。ここでは、関数 operator.lt(a, b) が functools.partial 関数に渡されています。この関数は、引数として 2 つの数字を受け取り、1 つ目の数字が 2 つ目の数字よりも小さいかどうかを表すブール値を返します。functools.partial 関数に渡された 0 は a に代入され、functools.partial 関数から返された値は b に代入されます。したがって、このコードはリスト 8-8 のコードとまったく同じですが、lambda を使用することも、新しい関数を定義することもありません。

> NOTE functools.partial 関数は、一般に lambda の代わりに使用することができ、lambda よりもよい方法と見なすべきです。lambda 関数は、Python 言語において例外的な関数であり、関数本体の大きさが 1 行に制限されるため、Python 3 では完全な廃止が検討されたこともあります。

## itertools の便利な関数

最後に、Python の標準ライブラリに含まれている itertools モジュールの関数のうち、覚えてお

くと便利なものをいくつか見てみましょう。Python がこれらの関数を組み込みで提供していること
を知らないがために、あまりにも多くのプログラマーが同じものを自分で記述するはめになっていま
す。それらの関数はすべて iterator を操作しやすくすることを目的として設計されており（モジュー
ルの名前が **iter-tools** なのは、そのためです）、それゆえ、すべて純粋関数です。ここでは、そのうち
のいくつかを取り上げ、それぞれの関数が何をするのかを簡単に説明します。役に立ちそうだなと思っ
たら、ぜひ詳しく調べてみてください。

- accumulate(iterable[, func]) は、イテラブルの要素の累積和を返す。
- chain(*iterables) は、すべての要素からなる中間リストを作成することなく、複数のイテ
  ラブルを1つずつ順番に処理する。
- combinations(iterable, r) は、与えられたイテラブルから長さ r の組み合わせをすべて生
  成する。
- compress(data, selectors) は、selectors から data に Boolean マスクを適用し、data
  の値のうち、selectors の対応する要素が True と評価されるものだけを返す。
- count(start, step) は、呼び出されるたびに、start で始まって step 刻みで増加する値のシー
  ケンスを際限なく生成する。
- cycle(iterable) は、イテラブル内の値を繰り返しループ処理する。
- repeat(elem[, n]) は、要素を n 回繰り返す。
- dropwhile(predicate, iterable) は、イテラブルの先頭から predicate が False と評価
  されるまでの要素を除外する。
- groupby(iterable, keyfunc) は、keyfunc 関数から返された結果に基づいて要素を分類す
  るイテレータを作成する。
- permutations(iterable[, r]) は、イテラブル内の要素からなる長さが r の順列を連続的
  に返す。
- product(*iterables) は、入れ子の for ループを使用することなく、iterables のデカルト
  積からなるイテラブルを返す。
- takewhile(predicate, iterable) は、イテラブルの先頭から predicate が False と評価
  されるまでの要素を返す。

これらの関数は、operator モジュールと組み合わせて使用すると特に効果的です。itertools と operator を組み合わせて使用すると、プログラマーが一般に lambda を使用するようなほとんどの状況に対処できます。lambda x: x['foo'] と記述する代わりに operator.itemgetter 関数を使用する例を見てみましょう。

```
>>> import itertools
>>> a = [{'foo': 'bar'}, {'foo': 'bar', 'x': 42}, {'foo': 'baz', 'y': 43}]
>>> import operator
>>> list(itertools.groupby(a, operator.itemgetter('foo')))
[('bar', <itertools._grouper object at 0x10cec7610>), ('baz', <itertools._grouper object at
0x10cfe7190>)]
>>> [(key, list(group)) for key, group in itertools.groupby(a, operator.itemgetter('foo'))]
[('bar', [{'foo': 'bar'}, {'foo': 'bar', 'x': 42}]), ('baz', [{'foo': 'baz', 'y': 43}])]
```

この場合は lambda x: x['foo'] と記述することもできましたが、operator を使用すれば、lambda をまったく使用せずに済みます。

# 8.5　まとめ

オブジェクト指向として売り込まれることが多い Python ですが、かなり関数的な方法で使用することができます。ジェネレータやリスト内包といった組み込みの概念の多くは関数指向であり、オブジェクト指向のアプローチと衝突しません。また、それらの概念はプログラムがグローバルな状態に依存するのを制限します。

関数型プログラミングを Python のパラダイムとして使用すると、プログラムの再利用性が高まり、テストやデバッグが容易になり、DRY（Don't Repeat Yourself）原則をサポートしやすくなります。この精神に則った Python の標準モジュールである itertools と operator は、関数型のコードの読みやすさを向上させる効果的なツールです。

# 9

# 第9章　AST、HY、Lisp ライクな属性

**抽象構文木**（Abstract Syntax Tree：AST）は、プログラミング言語のソースコードから言語の意味に関係のあるものを取り出して抽象化した構造を表現したものです。Pythonを含め、すべての言語にそれぞれのASTがあります。PythonのASTは、Pythonのソースファイルを字句解析して構文解析することによって生成されます。どの木にも言えることですが、ASTもノードどうしを親子関係として結び付けることによって構築されます。ノードは、処理（演算）、文、式、さらにはモジュールを表すことがあります。各ノードには、ASTを構成している他のノードへの参照が含まれることがあります。

PythonのASTは十分に文書化されておらず、このため取っ付きにくいように見えます。しかし、Pythonの構造に関する奥深い一面を理解すれば、その使用法をマスターするのに役立つはずです。

本章では、ASTの構造と使い方に慣れるために、単純なPythonコマンドのASTを調べます。ASTに慣れてきたところで、正しく宣言されていないメソッドをチェックするプログラムをflake8とASTで作成します。最後に、PythonとLispのハイブリッド言語であるHyを取り上げます。HyはPythonのASTに基づいています。

# 9.1 AST を調べる

　Python の AST を調べる最も簡単な方法は、Python コードを解析し、生成された AST をダンプしてみることです。そのために必要なものは、すべて Python の ast モジュールに含まれています（リスト 9-1）[訳注1]。

●リスト 9-1：ast モジュールを使ってコード解析によって生成された AST を出力する

```
>>> import ast
>>> ast.parse
<function parse at 0x7f062731d950>
>>> ast.parse("x = 42")
<_ast.Module object at 0x7f0628a5ad10>
>>> ast.dump(ast.parse("x = 42"))
"Module(body=[Assign(targets=[Name(id='x', ctx=Store())], value=Num(n=42))])"
```

　ast.parse 関数は、Python コードを含んでいる文字列を解析し、_ast.Module オブジェクトを返します。このオブジェクトは、実際には AST のルートです。つまり、このオブジェクトを調べれば、AST を構成しているすべてのノードがわかります。AST がどのようなものであるかを可視化するには、ast.dump 関数を使用できます。この関数は AST 全体の文字列表現を返します。

　リスト 9-1 では、コード x = 42 が ast.parse 関数によって解析され、ast.dump 関数によって結果が出力されます。この AST は図 9-1 のように表すことができます。この図は Python の assign コマンドの構造を示しています。

---

※訳注1
Python 3.8.1/3.8.2 では、ast.dump() の出力は次のようになる。

"Module(body=[Assign(targets=[Name(id='x', ctx=Store())], value=Constant(value=42, kind=None), type_comment=None)], type_ignore=[])"

●図9-1：PythonのassignコマンドのAST

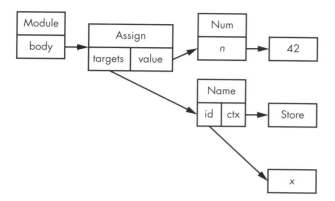

AST は、常にルート要素から始まります。通常、ルート要素は `_ast.Module` オブジェクトです。このモジュールオブジェクトには、評価対象の文または式のリストが body 属性として含まれています。たいていは、それらはファイルの内容を表します。

もう察しがついていると思いますが、図9-1の ast.Assign オブジェクトは**代入**（assignment）を表し、Python 構文の = 記号に対応しています。ast.Assign オブジェクトには、**ターゲット**のリストと、それらのターゲットに設定される**値**が含まれています。図9-1の場合、ターゲットのリストは ast. Name という1つのオブジェクトとして構成されます。このオブジェクトは x という id を持つ変数を表します。これらのターゲットに設定される値は数字の n であり、この場合の値は 42 です。ctx 属性に格納されるのは**コンテキスト**であり、変数が読み取りと書き込みのどちらに使用されるかに応じて、ast.Store か ast.Load のどちらかになります。この場合、変数には値が代入されるため、ast. Store コンテキストが使用されます。

この AST を Python に渡して、組み込み関数 compile を使ってコンパイルと評価を行うことも可能です。この関数は、引数として AST、ソースファイル名、モード（'exec'、'eval'、'single' のいずれか）の3つを受け取ります。ソースファイルの名前は、AST のソースの名前であれば何でも構いません。ソースファイルに格納されていないデータを使用する場合は、ソースファイル名として文字列 <input> を使用するのが一般的です（リスト9-2）。

●リスト 9-2：compile 関数を使ってファイルに格納されていないデータをコンパイルする

```
>>> compile(ast.parse("x = 42"), '<input>', 'exec')
<code object <module> at 0x105ee1500, file "<input>", line 1>
>>> eval(compile(ast.parse("x = 42"), '<input>', 'exec'))
>>> x
42
```

　モードは、実行（exec）、評価（eval）、単一の文（single）を表します。モードは ast.parse 関数に渡されているものと一致しなければならず、デフォルト値は exec です※監訳注1。

- exec：通常の Python モード。_ast.Module が AST のルートである場合に使用される。
- eval：AST として単一の ast.Expression を期待する特殊なモード。
- single：単一の文または式を期待する特殊なモード。式を渡すと、対話形式のシェルでコードを実行する場合と同じように、式の評価時に sys.displayhook 関数が呼び出される。

　AST のルートは ast.Interactive であり※監訳注2、その body 属性はノードのリストです。
　ast モジュールで定義されているクラスを使って AST を手動で構築したければ、そうすることもできます。当然ながら、この方法で Python コードを記述すると非常に手間がかかるのでお勧めしません。とはいえ、実際に試してみるとおもしろく、AST を学ぶ上で参考になります。AST でのプログラミングがどのようなものかを見てみましょう。

## AST を使ってプログラムを記述する

　AST を手動で構築することにより、おなじみの "Hello world!" プログラムを Python で記述してみましょう。

---

※監訳注1
たとえば、ast.dump(ast.parse("x = 42", mode='single')) のように指定する。
※監訳注2
single モードの場合に ast.Interactive が有効になる。

●リスト 9-3：AST を使って「hello world!」を記述する<sup>※監訳注3 ※訳注2</sup>

```
❶   >>> hello_world = ast.Str(s='hello world!', lineno=1, col_offset=1)
❷   >>> print_name = ast.Name(id='print', ctx=ast.Load(), lineno=1, col_offset=1)
❸   >>> print_call = ast.Call(func=print_name, ctx=ast.Load(),
    ... args=[hello_world], keywords=[], lineno=1, col_offset=1)
❹   >>> module = ast.Module(body=[ast.Expr(print_call, lineno=1, col_offset=1)],
    ... lineno=1, col_offset=1)
❺   >>> code = compile(module, '', 'exec')
    >>> eval(code)
    hello world!
```

リスト 9-3 では、AST のリーフ（葉）を 1 つずつ作成しています。それぞれのリーフはプログラムの要素（値または式や文といった命令）を表します。

1 つ目のリーフは単純な文字列です（❶）。ast.Str はリテラル文字列を表し、この例では 'hello world!' というテキストを含んでいます<sup>※監訳注4</sup>。print_name 変数には ast.Name オブジェクトが代入されています（❷）。このオブジェクトは print 関数を指している変数 print を参照しています。

print_call 変数は関数呼び出しを含んでおり（❸）、呼び出す関数の名前、関数呼び出しに渡される通常の引数、そしてキーワード引数を参照しています。どの引数が使用されるかについては、呼び出される関数によって決まります。この場合、呼び出されるのは print 関数なので、先ほど作成して hello_world に格納した文字列を渡します。

最後に、このすべてのコードを 1 つの式からなるリストとして含んでいる _ast.Module オブジェクトを作成します（❹）。_ast.Module オブジェクトは compile 関数でコンパイルできます（❺）。そうすると、AST が解析され、ネイティブの code オブジェクトが生成されます。これらの code オブジェクトはコンパイル済みの Python コードであり、最終的に Python の仮想マシンによって eval で実行できます。

---

※監訳注 3
ast モジュールに Str などのクラスが存在するわけではない。_ast パッケージを import しているので、オブジェクトの名前が _ast.Str となっている。

※監訳注 4
Python 3.8 で仕様変更され、`ast.Constant` がすべての定数に使われるようになった。Python 3.8 では非推奨となり、ast.Num、ast.Str、ast.Bytes、ast.NameConstant、ast.Ellipsis は現バージョンまでは使用可能だが、将来の Python リリースで削除される予定。詳しくは、公式ドキュメントの「ast」を参照のこと。
https://docs.python.org/ja/3/library/ast.html

※訳注 2
Python 3.8 では ast.Module のシグネチャが変更され、type_ignores という必須フィールドが追加されたため、リスト 9-3 は code = compile(...) 行で TypeError になる。このため、module = ast.Module(body=[...], lineno=1, col_offset=1) 行を module = ast.Module(body=[...], type_ignores=[]) などに変更する必要がある。

このプロセス全体が、Python を .py ファイルで実行したときに行われることと同じです。テキストトークンが字句解析されると、それらが ast モジュールの AST オブジェクトからなる木に変換され、コンパイルされ、評価されます。

> **NOTE**　lineno と col_offset の 2 つの引数は、それぞれ AST の生成に使用されるソースコードの行番号と列オフセットを表します。この例で解析するのはソースファイルではないため、これらの値を設定してもあまり意味はありませんが、AST を生成したコードの位置がわかると便利なことがあります。たとえば、Python はこの情報をバックトレースの生成時に使用します。実際には、この情報を提供しない AST オブジェクトのコンパイルは Python によって拒否されるため、ここでは偽の値を渡しています。ast.fix_missing_locations 関数を使用すると、設定されていない値を親ノードで設定されている値にすることもできます。

## AST オブジェクト

_ast モジュール（アンダースコアに注意）のドキュメントを読めば、AST で利用可能なオブジェクトの全リストを確認できます。

これらのオブジェクトは、大きく文と式の 2 つに分類されます。**文**に分類されるのは、assert、代入（=）、複合代入（+=、/= など）、global、def、if、return、for、class、pass、import、raise などのオブジェクトです。文は ast.stmt を継承し、プログラムの制御フローに影響を与え、多くの場合は式で構成されます。

**式**に分類されるのは、lambda、int、float、yield、name（変数）、compare、call などのオブジェクトです。式は ast.expr を継承し、（文とは違って）通常は値を生成し、プログラムの制御フローに影響を与えません。

また、ast.operator や ast.cmpop など、さらに細かな分類もあります。ast.operator は加算（+）、除算（/）、右シフト（>>）などの標準の演算子を定義し、ast.cmpop は比較演算子を定義します。

ここで示した単純な例は、AST を一から構築する方法を理解する上で参考になるはずです。この AST を活用し、文字列を解析してコードを生成するコンパイラを構築すれば、Python に対して独自の構文を実装できるようになることも容易に想像がつきます。本章で後ほど説明する Hy プロジェクトは、まさにこれをきっかけに開発されました。

## AST 全体を調べる

　AST がどのように構築されるのかを追跡したり、特定のノードにアクセスしたりするために、場合によっては、AST 全体をたどって、ノードを順番に参照しながら処理していく必要があるかもしれません。この作業には、ast.walk 関数を使用できます。ast モジュールには NodeTransformer というクラスもあり、このクラスをサブクラス化すると、AST をたどって特定のノードを書き換えることができます。NodeTransformer を使ってコードを動的に変更する方法は、リスト 9-4 のように簡単です。

●リスト 9-4：NodeTransformer を使ってノードを書き換える

```python
import ast

class ReplaceBinOp(ast.NodeTransformer):
    """ 2 項演算を加算に置き換える """
    def visit_BinOp(self, node):
        return ast.BinOp(left=node.left,
                         op=ast.Add(),
                         right=node.right)

❶ tree = ast.parse("x = 1/3")
  ast.fix_missing_locations(tree)
  eval(compile(tree, '', 'exec'))
  print(ast.dump(tree))
❷ print(x)

❸ tree = ReplaceBinOp().visit(tree)
  ast.fix_missing_locations(tree)
  print(ast.dump(tree))
  eval(compile(tree, '', 'exec'))
❹ print(x)
```

　最初に作成される tree オブジェクトは、式 x = 1/3 を表す AST です（❶）。このオブジェクトがコンパイル・評価された後、最後に x を出力すると、1/3 に対して期待される結果である 0.3333333333333333 が出力されます。

　2 つ目の tree オブジェクトは、ast.NodeTransformer を継承する ReplaceBinOp のインスタンスです（❸）。このオブジェクトは ast.NodeTransformer.visit メソッドのカスタムバージョンを実装

し、すべての ast.BinOp 演算を、ast.Add を実行する ast.BinOp に変更します。具体的に言うと、
二項演算子 (+、-、/ など) がすべて + 演算子に変化します。この 2 つ目の AST をコンパイルして評
価すると (❹)、1 つ目のオブジェクトの / が + と置き換えられるため、結果として 1 + 3 = 4 が出力
されます。

　このプログラムの実行結果は、次のようになります※訳注3。

```
Module(body=[Assign(targets=[Name(id='x', ctx=Store())], value=BinOp(left=Num(n=1), op=Div(),
  right=Num(n=3)))])
0.3333333333333333
Module(body=[Assign(targets=[Name(id='x', ctx=Store())], value=BinOp(left=Num(n=1), op=Add(),
  right=Num(n=3)))])
4
```

NOTE　評価しなければならない文字列が単純なデータ型を返すはずである場合は、ast.literal_eval 関数を
使用するとよいでしょう。この関数は eval よりも安全で、入力文字列によるコードの実行を阻止しま
す。

# 9.2　AST をチェックするように flake8 を拡張する

　第 7 章では、オブジェクトの状態に依存しないメソッドは @staticmethod デコレータを使って静的
メソッドとして宣言すべきであると説明しました。しかし、開発者の多くはそうすることを忘れてし
まいます。筆者自身、コードのレビューを行うたびに、この問題を修正するように求めたことが何度
もありました。

---

※訳注3
Python 3.8.1 での出力は次のようになる。

```
Module(body=[Assign(targets=[Name(id='x', ctx=Store())], value=BinOp(left=Constant(value=1, kind=None), op=Div(), right=Constant(value=3,
kind=None)), type_comment=None)], type_ignore=[])
0.3333333333333333
...
```

本書では、flake8 を使ってコードを自動的にチェックする方法について説明しました。実際には、flake8 は拡張可能であり、さらにチェックを追加することができます。flake8 を拡張し、AST を解析することで、静的メソッド宣言が省略されていないかどうかをチェックするようにしてみましょう。

リスト 9-5 は、静的メソッド宣言が抜け落ちているクラスと、この宣言が正しく含まれているクラスの例を示しています。このプログラムを ast_ext.py として保存し、この後の拡張の作成に使用することにします。

●リスト 9-5：@staticmethod が含まれていないクラスと含まれているクラス（ast_ext.py）

```
class Bad:
    # self は使用されず、メソッドがバインドされる必要はないため、
    # 静的メソッドとして宣言すべきである
    def foo(self, a, b, c):
        return a + b - c


class OK:
    # 正しい宣言
    @staticmethod
    def foo(a, b, c):
        return a + b - c
```

Bad.foo メソッドは問題なく動作しますが、厳密には、OK.foo のように書くほうが正確です（詳しい理由については第 7 章を参照してください）。Python ファイル内のメソッドがすべて正しく宣言されているかどうかをチェックするには、次のようにする必要があります。

- AST のすべての文ノードを順番に処理する。
- その文がクラス定義（ast.ClassDef）であることを確認する。
- そのクラス文の関数定義（ast.FunctionDef）をすべて処理して、すでに@staticmethod で宣言されているかどうかを確認する。
- 静的メソッドとして宣言されていない場合は、第1引数（self）がメソッドのどこかで使用されていないかを確認する。self が使用されない場合は、そのメソッドを「正しく記述されていない可能性があるもの」としてタグ付けする。

このプロジェクトの名前は ast_ext になります。新しいプラグインを flake8 に登録するには、通常の setup.py ファイルと setup.cfg ファイルを持つプロジェクトを作成する必要があります。その後は、ast_ext プロジェクトの setup.cfg ファイルにエントリポイントを追加すればよいだけです。

● リスト 9-6：本章の flake8 プラグインを登録する（setup.cfg）

```
[entry_points]
flake8.extension =
    ...
    H904 = ast_ext:StaticmethodChecker
    H905 = ast_ext:StaticmethodChecker
```

リスト 9-6 では、flake8 のエラーコードも 2 つ登録しています。後ほど示すように、実際には、コードに対するチェックをさらに追加します。次のステップは、プラグインを記述することです。

## クラスを記述する

ここで記述するのは AST をチェックする flake8 拡張なので、このプラグインは特定のシグネチャに従うクラスでなければなりません（リスト 9-7）。

● リスト 9-7：AST をチェックするためのクラス

```
class StaticmethodChecker(object):
    def __init__(self, tree, filename):
        self.tree = tree

    def run(self):
        pass
```

デフォルトのテンプレートは簡単に理解できます。AST を run メソッドで使用するために、ローカルに格納します。このメソッドは、検出された問題を返します。また、返される値は PEP 8 で期待されるシグネチャに従うものでなければなりません。この場合は、(lineno, col_offset, error_string, code) 形式のタプルが返されます。

## 無関係なコードを無視する

先ほど示したように、ast モジュールには walk 関数があり、AST を簡単にたどることができます。この関数を使って AST 全体をたどりながら、チェックすべきものとそうでないものを割り出します。

まず、クラス定義ではない文を無視するループを記述してみましょう。リスト 9-8 のコードを ast_ext プロジェクトに追加します。新たに追加する部分は太字で示してあります。

●リスト 9-8：クラス定義ではない文を無視する

```
class StaticmethodChecker(object):
    def __init__(self, tree, filename):
        self.tree = tree

    def run(self):
        for stmt in ast.walk(self.tree):
            # クラス定義ではないものは無視する
            if not isinstance(stmt, ast.ClassDef):
                continue
```

リスト 9-8 のコードはまだ何もチェックしませんが、クラス定義ではない文を無視するようになっています。次のステップは、関数定義ではないものを無視するように設定することです（リスト 9-9）。

●リスト 9-9：関数定義ではない文を無視する

```
def run(self):
    for stmt in ast.walk(self.tree):
        if not isinstance(stmt, ast.ClassDef):
            continue
        # クラスの場合はその本体メンバーを順番に処理してメソッドを見つけ出す
        for body_item in stmt.body:
            # メソッド以外のものはスキップする
            if not isinstance(body_item, ast.FunctionDef):
                continue
```

リスト 9-9 では、クラス定義の属性を順番に処理することで、無関係な文を無視しています。

## 正しいデコレータかどうかをチェックする

チェックを行うメソッドを記述する準備は、これで完了です。このメソッド自体は body_item 属性に格納されます。まず、チェックの対象となるメソッドがすでに静的メソッドとして宣言されているかどうかを調べる必要があります。静的メソッドとして宣言されている場合は、それ以上チェックを行わず、次に進むことができます（リスト 9-10）。

●リスト 9-10：静的デコレータをチェックする

```python
def run(self):
    for stmt in ast.walk(self.tree):
        if not isinstance(stmt, ast.ClassDef):
            continue
        for body_item in stmt.body:
            if not isinstance(body_item, ast.FunctionDef):
                continue
            # デコレータが指定されていることを確認
            for decorator in body_item.decorator_list:
                if (isinstance(decorator, ast.Name) and decorator.id == 'staticmethod'):
                    # 静的関数なので OK
                    break
            else:
                # 静的関数ではない：今のところは何もしない
                pass
```

リスト 9-10 では、Python の特殊な for/else 文を使用しています。この場合は、break を使って for ループから抜け出さない限り、else が評価されることに注意してください。これで、メソッドが静的メソッドとして宣言されているかどうかを検出できるようになりました。

## self をチェックする

次のステップは、静的メソッドとして宣言されていないメソッドが self 引数を使用しているかどうかをチェックすることです。まず、そもそもメソッドに引数が含まれているかどうかをチェックします（リスト 9-11）。

●リスト 9-11：メソッドの引数を確認する

```
def run(self):
    for stmt in ast.walk(self.tree):
        ...
        for body_item in stmt.body:
            ...
            for decorator in body_item.decorator_list:
                if (isinstance(decorator, ast.Name) and decorator.id == 'staticmethod'):
                    break
            else:
                try:
                    first_arg = body_item.args.args[0]
                except IndexError:
                    yield(body_item.lineno,
                          body_item.col_offset,
                          "H905: method misses first argument",
                          "H905",
                    )
                    # 次のメソッドをチェックする
                    continue
```

チェックがようやく追加されました。リスト 9-11 の try 文は、メソッドのシグネチャから最初の引数を取り出します。最初の引数が存在しないためにシグネチャから最初の引数を取り出せない場合、すでに問題があることがわかります。バインドされたメソッドに self 引数が存在しないことはあり得ないからです。この問題が検出された場合、このプラグインは先ほど設定した H905 エラーコードを送出し、メソッドの最初の引数が見つからないことを通知します。

> NOTE
> PEP 8のコードは、エラーコードに特定のフォーマット（英字に続く数字）を使用しますが、選択する
> コードに関する決まりは特にありません。PEP 8または別の拡張ですでに使用されているものでなけ
> れば、このエラーに他のコードを使用することも可能です。

setup.cfgファイルでエラーコードを2つ登録した理由がこれでわかりました。一石二鳥というわ
けです。

次のステップは、self引数がそのメソッドのコードで使用されているかどうかをチェックすること
です（リスト9-12）。

● リスト 9-12：メソッドで self 引数が使用されているかどうかをチェックする

```
def run(self):
    for stmt in ast.walk(self.tree):
        ...
        for body_item in stmt.body:
            ...
            for decorator in body_item.decorator_list:
                if (isinstance(decorator, ast.Name) and decorator.id == 'staticmethod'):
                    break
            else:
                try:
                    ...
                except IndexError:
                    ...
                    continue
                for func_stmt in ast.walk(body_item):
                    # チェックを行うメソッドは Python 2 と Python 3 とで
                    # 異なるものでなければならない
                    if six.PY3:
                        if (isinstance(func_stmt, ast.Name)
                            and first_arg.arg == func_stmt.id):
                            # 第1引数が使用されるので問題ない
                            break
                    else:
                        if (func_stmt != first_arg
                            and isinstance(func_stmt, ast.Name)
                            and func_stmt.id == first_arg.id):
                            # 第1引数が使用されるので問題ない
```

```
                    break
        else:
            yield(body_item.lineno,
                  body_item.col_offset,
                  "H904: method should be declared static",
                  "H904",
                  )
```

リスト 9-12 のプラグインは、self 引数がメソッドの本体で使用されるかどうかをチェックする
ために本体で ast.walk を使って再帰的な処理を行い、self という変数が使用されているかどうかを調
べます。この変数が見つからない場合、このプラグインは最終的に H904 エラーコードを返します。
この変数が見つかった場合は何も行わず、コードに問題はないと見なされます。

NOTE もう気付いているかもしれませんが、このコードはモジュールの AST 定義を何回かにわたって調べま
す。AST をたった 1 回の処理でチェックするために、ある程度の最適化を行ってもよいかもしれませ
んが、このプラグインが実際にどのように使用されるのかを考えると、そこまでする価値があるとい
う確信は持てません。その判断は親愛なる読者に任せることにします。

Python を使用するために Python の AST を理解していることは必ずしも必要ではありませんが、
この言語がどのように構築され、どのような仕組みになっているのかを理解する上で大いに参考にな
るでしょう。それにより、あなたが記述するコードが内部でどのように使用されるのかをよく理解で
きるようになります。

# 9.3　速習：Hy

Python の AST の仕組みがよくわかってきたところで、Python の新しい構文を作成することも夢ではなくなります。新しい構文を解析し、そこから AST を構築し、Python コードにコンパイルしようと思えばできないことはありません。

まさに、それを行うのが Hy です。**Hy** は Lisp の方言であり、Lisp ライクな言語を解析して通常の Python の AST に変換し、Python エコシステムとの完全な互換性を確保します。たとえるなら、Java の Clojure のようなものです。Hy を説明するだけで 1 冊の本になってしまうため、ここではざっと説明するにとどめます。Hy は Lisp 系言語の構文と一部の機能を使用します。つまり、Hy は関数指向であり、マクロを提供し、簡単に拡張できるということです。

Lisp をよく知らなくても（きっとそうでしょう）、Hy の構文には見覚えがあるはずです。pip install hy を実行して Hy をインストールし、hy インタープリタを起動すると、標準の REPL プロンプトが表示され、インタープリタとのやり取りを開始できます（リスト 9-13）。

●リスト 9-13：Hy インタープリタとやり取りする

```
$ hy
hy 0.17.0 ...
=> (+ 1 2)
3
```

Lisp 構文になじみのない読者のために説明すると、丸かっこ（( )）はリストを作成するために使用されます。リストは丸かっこで囲まれていなければ評価されません。1 つ目の要素は関数でなければならず、リストの残りの要素は引数として渡されます。(+ 1 2) というコードは、Python の 1 + 2 と同等です。

関数定義を含め、Hy のほとんどの構造は Python のものに直接対応しています（リスト 9-14）。

```
=> (defn hello [name]
...    (print "Hello world!")
...    (print (% "Nice to meet you %s" name)))
=> (hello "jd")
Hello world!
Nice to meet you jd
```

　リスト 9-14 に示すように、Hy は与えられたコードを内部で解析し、Python の AST に変換した上でコンパイルと評価を行います。幸いなことに、Lisp は解析しやすい木であり、対の丸かっこはそれぞれ木のノードを表します。このため、実際には、Python の組み込みの構文よりも変換が容易です。

　クラス定義は、CLOS（Common Lisp Object System）にヒントを得た defclass 構造によってサポートされます（リスト 9-15）。

●リスト 9-15：defclass を使ってクラスを定義する

```
(defclass A [object]
  [[x 42]
   [y (fn [self value] (+ self.x value))]])
```

　リスト 9-15 は、A という名前のクラスを定義します。A は object を継承し、そのクラス属性 x の値は 42 です。続いてメソッド y が、属性 x に引数として渡された値を足した結果を返します。

　何といってもすばらしいのは、**任意の Python ライブラリ**を Hy に直接インポートし、何のペナルティもなく使用できることです。通常の Python と同じように、モジュールをインポートするには import 関数を使用します（リスト 9-16）。

●リスト 9-16：標準的な Python モジュールをインポートする

```
=> (import uuid)
=> (uuid.uuid4)
UUID('f823a749-a65a-4a62-b853-2687c69d0e1e')
=> (str (uuid.uuid4))
'4efa60f2-23a4-4fc1-8134-00f5c271f809'
```

Hy には、さらに高度な構造やマクロもあります。定番ではあるものの冗長な if...elif...else の代わりに、cond マクロを使って何ができるか見てみましょう（リスト 9-17）。

●リスト 9-17：if...elif...else の代わりに cond を使用する

```
(cond [(> somevar 50) (print "That variable is too big!")]
      [(< somevar 10) (print "That variable is too small!")]
      [True (print "That variable is jusssst right!")])
```

cond マクロのシグネチャは (cond [ 条件式　リターン式 ] ...) です。条件式は先頭のものから順に評価され、条件式の1つが True の値を返した時点でリターン式が評価され、結果が返されます。リターン式が指定されない場合は、条件式の値が返されます。したがって、cond マクロは if...elif 構文に相当しますが、条件式を2回評価したり、一時変数に格納したりしなくても、条件式の値を返すことができます。

Hy では、引き続き Python を記述することになるため、安全地帯からそれほど離れずに Lisp の世界に飛び込めます。hy2py ツールを利用すれば、Hy コードを Python に変換したらどうなるかを確認することもできます。Hy は広く利用されているわけではありませんが、Python 言語の潜在能力を明らかにするすばらしいツールです。さらに詳しく調べてみたい場合は、ぜひオンラインドキュメントを読み、コミュニティに参加してください。

# 9.4　まとめ

他のプログラミング言語と同じように、Python のソースコードは AST を使って表せません。AST を直接使用することは滅多にありませんが、その仕組みを理解すれば参考になるはずです。

# 9.5 Paul Tagliamonte、AST と Hy について語る

Paul Tagliamonte は 2013 年に Hy を作成しました。そして、Lisp 愛好家の筆者は、この驚くべき冒険に加わりました。Paul は現在、Sunlight Foundation で開発者をしています。

**AST の正しい使い方をどのようにして学んだのですか。また、AST に目を向けている人々に何かアドバイスはありますか？**

AST はまったくといっていいほど文書化されていないため、ほとんどの知識はリバースエンジニアリングによって生成された AST から得たものです。単純な Python スクリプトを記述することにより、`import ast; ast.dump(ast .parse("print foo"))` のようなコードを使って同等の AST を生成し、作業に役立てることができます。少し想像力を働かせて根気よく作業すれば、この要領で基本的な知識を養うことも決して不可能ではありません。

いつか AST モジュールに対する個人的な解釈を文書化するつもりですが、AST を習得するにはコードを書いてみるのが一番であると考えています。

**Python の AST はバージョン間で、あるいは用途ごとにどのように異なるのでしょうか？**

Python の AST はプライベートインターフェイスではありませんが、パブリックインターフェイスでもありません。バージョン間の安定性は保証されません。実際には、Python 2 と Python 3 の間で、さらには Python 3 の異なるリリース間でも、かなりやっかいな違いがいくつかあります。それに加えて、実装ごとに AST の解釈が異なっていたり、AST が独特だったりすることもあります。Jython、PyPy、あるいは CPython が Python の AST に同じように対処しなければならないというわけでは、決してないのです。

たとえば、CPython は（`lineno` と `col_offset` により）AST のエントリの順序が少しくらい違っていても対処できますが、PyPy ではアサーションエラーになります。もどかしい思いをすることもありますが、AST は概して良識的です。多くの Python インスタンスでうまくいく AST を構築することは不可能ではありません。条件文を 1 つか 2 つ使用すれば、CPython 2.6 〜 3.3 と PyPy に対応する AST を作成するのはそれほどやっかいなことではないため、とても便利なツールです。

**Hy を作成した経緯を教えてください。**

Lisp が Java の JVM（Clojure）ではなく Python にコンパイルされたらどれだけ便利かという会話がきっかけで、Hy に取り組むことになりました。ほんの数日後には、Hy の最初のバージョンが完成しました。このバージョンは Lisp に似ていて、ある点では正規の Lisp と同じように動作しましたが、処理に時間のかかるものでした。というか、かなり遅かったのです。Lisp ランタイム自体は Python で実装されていたので、ネイティブの Python よりも 1 桁ほど低速でした。がっかりして投げ出しそうになったとき、ランタイムを Python で実装するのではなく、AST を使って実装してみたらどうかと同僚が提案してくれました。この提案をきっかけに、プロジェクト全体にはずみがつきました。2012 年の休暇をすべて Hy のハッキングに費やし、1 週間ほどで現在の Hy のコードベースに近いものができあがりました。

基本的な Flask アプリを実装するのに Hy の動作が十分であることを確認した後、このプロジェクトを Boston Python で発表し、非常に暖かい歓迎を受けました。実際、REPL の仕組みや PEP 302 のインポートフック、そして Python の AST など、Python の仕組みを人々に教えるのに Hy が役立つと考えるようになったほどです。Hy は、コードを記述するコードという概念を紹介するのにうってつけでした。

このプロセスの哲学的な問題をいくつか解決するためにコンパイラの一部を書き換えたところで、コードベースが現在の形になりました。これは今でも十分に通用するものです。

Hy を習得すれば、Lisp の読み方もわかるようになります。ユーザーは既知の環境で S 式を使いこなせるようになるでしょう。すでに使用しているライブラリを使用することも可能なので、Common Lisp、Scheme、Clojure など、他の Lisp にも簡単に移行できます。

**Hy と Python の相互運用性はどうでしょうか？**

Hy には、相互運用性が驚くほど高いという特徴があります。このため、何も変更しなくても pdb で Hy を問題なくデバッグできます。私はこれまでに、Flask アプリ、Django アプリ、そしてありとあらゆるモジュールを Hy で記述してきました。Python は Python をインポートでき、Hy は Hy をインポートでき、Hy は Python をインポートでき、Python は Hy をインポートできます。これは Hy ならではの特徴です。Clojure などの他の Lisp 方言は完全に一方向なのです。Clojure は Java をインポートできますが、Java で Clojure をインポートしようと思ったら一筋縄ではいきません。

Hy は（S 式で書かれた）Hy コードを Python の AST にほぼ直接変換するという仕組みになっています。このコンパイルステップは、生成されるバイトコードがかなり良識的なものであることを意味しています。つまり、Python には、そのモジュールがまったく Python で書かれてい

ないことすら、そうそう見分けがつかないということです。

\*earmuffs や using-dashes といった Common Lisp 形式のものは、Python においてそれら
に相当するものに変換することによって完全にサポートされます（この場合、\*earmuffs\* は
EARMUFFS に、using-dashes は using_dashes になります）。つまり、Python はそれらを難な
く使用できるのです。

十分な相互運用性の確保は私たちの最優先項目の 1 つであるため、もしバグを見つけた場合は
ぜひ知らせてください。

### Hy を選択するメリットとデメリットは何でしょうか？

Hy のメリットの 1 つは、Python が苦手とする完全なマクロシステムがあることです。マクロ
はコンパイラステップの途中でコードを書き換える特別な関数です。このため、基本言語（こ
の場合は Hy/Python）と多くのマクロからなる新しい DSL（Domain-Specific Language）を簡単
に作成できます。それらのマクロを利用すれば、コードを独特の方法で簡潔に表現できます。

デメリットとしては、Hy は S 式で書かれた Lisp であるため、習得したり、読んだり、管理し
たりするのが難しいというマイナスイメージがつきまとうことです。その複雑さを懸念して Hy
を使用するプロジェクトに取り組むことを嫌がる人がいるかもしれません。

Hy は嫌われ者の Lisp です。Python ユーザーはその構文を快く思わないかもしれませんし、
Lisp ユーザーは Hy を避けるかもしれません。というのも、Hy は Python オブジェクトを直接
使用するため、基本的なオブジェクトの振る舞いが熟練の Lisp ユーザーにとって予想を裏切る
ものになる可能性があるからです。

人々がその構文に目くじらを立てず、Python の手つかずだった部分を調べてみようと考えてく
れることを願っています。

# 10

# 第10章　パフォーマンスと最適化

開発時に最適化を真っ先に検討するようなことは滅多にありませんが、パフォーマンスを向上させるために最適化が妥当と見なされるときが必ずやってきます。プログラムが低速になることを念頭に置いてプログラムを記述すべきだというわけではありませんが、正しいツールの特定と正しいプロファイリングを最初に行わない限り、最適化について考えるのは時間の無駄です。Donald Knuthが書いたように、「早まった最適化は諸悪の根源」です[注1]。

本章では、正しいアプローチを用いて高速なコードを記述する方法と、さらに最適化が必要なときにどこを調べればよいのかについて説明します。多くの開発者は、Pythonが低速または高速になりそうな場所を推測しようとします。本章では、あれこれ推測するのではなく、アプリケーションのプロファイリングをどのように行えばよいのかを理解します。そうすれば、プログラムのどの部分が低速化の原因になっていて、ボトルネックがどこにあるのかがわかるようになるはずです。

---

※注1
Donald Knuth, "Structured Programming with go to Statements," ACM Computing Surveys 6, no. 4 (1974): 261-301.

# 10.1　データ構造

　ほとんどのプログラミングの問題は、正しいデータ構造を使用すれば、あっさりと解決できます。そして、Python には、そうしたデータ構造が数多く揃っています。そうした既存のデータ構造をうまく利用することを覚えれば、データ構造を独自にコーディングする場合よりもコードが整理され、安定性も高まります。

　たとえば、誰もが dict を使用しますが、次のような方法でディクショナリにアクセスしようとするコードをこれまでに何度見たことがあるでしょうか。このコードは KeyError 例外をキャッチすることでディクショナリにアクセスします。

```python
def get_fruits(basket, fruit):
    try:
        return basket[fruit]
    except KeyError:
        return None
```

次のコードは、キーの有無を最初にチェックしています。

```python
def get_fruits(basket, fruit):
    if fruit in basket:
        return basket[fruit]
```

dict クラスによってすでに提供されている get メソッドを使用すれば、例外をキャッチしたり、キーの有無を最初にチェックしたりせずに済みます。

```python
def get_fruits(basket, fruit):
    return basket.get(fruit)
```

dict.get メソッドは、None の代わりにデフォルト値を返すこともできます。呼び出し時に2つ目の引数を渡せばよいだけです。

```python
def get_fruits(basket, fruit):
    # フルーツを返すが、フルーツが見つからない場合はバナナを返す
    return basket.get(fruit, Banana())
```

　多くの開発者は、Python の基本的なデータ構造が提供するメソッドをすべて知ろうともせずにデータ構造を使用するという罪を犯しています。このことは set データ構造にも当てはまります。set のメソッドを使用すれば、入れ子の for/if ブロックで対処しなければならないような多くの問題を解決できます。たとえば、開発者はリストにアイテムが含まれているかどうかを判断するために for/if ループをよく使用します。

```python
def has_invalid_fields(fields):
    for field in fields:
        if field not in ['foo', 'bar']:
            return True
    return False
```

　このループは、リスト内の各アイテムを順番に調べて、すべてのアイテムが foo か bar であることを確認します。しかし、ループを使用する必要がなくなるような、もっと効率のよい方法があります。

```python
def has_invalid_fields(fields):
    return bool(set(fields) - set(['foo', 'bar']))
```

　このようにすると、フィールドを set に変換し、そこから set(['foo', 'bar']) を引くことで、set の残りの部分が得られるようになります。続いて、その set をブール値に変換します。このブール値は foo でも bar でもないアイテムが残っているかどうかを示します。set を使用すれば、リストを反復処理してアイテムを1つずつ調べる必要がなくなります。Python の内部では、2つの set で

1つの処理を行うほうが高速です。

　Pythonには、コードのメンテナンスの負担を大幅に削減できる、さらに高度なデータ構造もあります。例として、リスト10-1のコードを見てみましょう。

●リスト 10-1：セットのディクショナリにエントリを追加する

```
def add_animal_in_family(species, animal, family):
    if family not in species:
        species[family] = set()
    species[family].add(animal)


species = {}
add_animal_in_family(species, 'cat', 'felidea')
```

　これは完全に有効なコードですが、リスト10-1のようなコードがプログラムで何回必要になるでしょうか。10回でしょうか。100回でしょうか。

　Pythonには、この問題を手際よく解決するcollections.defaultdictというデータ構造があります。

```
import collections

def add_animal_in_family(species, animal, family):
    species[family].add(animal)


species = collections.defaultdict(set)
add_animal_in_family(species, 'cat', 'felidea')
```

　defaultdictは、存在しないアイテムへのアクセスが試みられるたびにKeyErrorを送出するのではなく、そのコンストラクタに引数として渡された関数を使って新しい値を作成します。この場合は、新しいsetが必要になるたびに、その作成にset関数が使用されます。

　collectionsモジュールには、他の種類の問題を解決するために使用できるデータ構造がさらに含まれています。たとえば、イテラブルに含まれているアイテムの個数を種類別に数えたいとしましょう。この問題への解決策を提供するのは、collections.Counterオブジェクトです。

```
>>> import collections
>>> c = collections.Counter("Premature optimization is the root of all evil.")
>>> c
Counter({' ': 7, 't': 5, 'o': 5, 'i': 5, 'e': 4, 'r': 3, ... '.': 1})
>>> c['P']                # 文字 'P' が出現する回数を返す
1
>>> c['e']                # 文字 'e' が出現する回数を返す
4
>>> c.most_common(2)      # 最も多く含まれている文字を 2 つ返す
[(' ', 7), ('t', 5)]
```

　collections.Counter オブジェクトは、ハッシュ可能なアイテムを含んだあらゆるイテラブルに
対応し、計数関数を独自に記述する必要をなくします。文字列に含まれている文字の個数をカウント
し、イテラブルに最も多く含まれている上位 n 個のアイテムを簡単に返すことができます。この機能
が Python の標準ライブラリによってすでに提供されていることを知らなければ、このようなものを
独自に実装しようとしていたかもしれません。

　適切なデータ構造、正しいメソッド、そして（言うまでもなく）適切なアルゴリズムを用いれば、プ
ログラムは十分な性能を発揮するはずです。ただし、それでもパフォーマンスが十分ではない場合、
どこで時間がかかっているのか、どこで最適化が必要なのかについての手がかりを得るには、コード
のプロファイリングを行うのが一番です。

1
章

2
章

3
章

4
章

5
章

6
章

7
章

8
章

9
章

**10
章**

11
章

12
章

13
章

# 10.2　プロファイリングを通じて振る舞いを理解する

　**プロファイリング**（profiling）は、プログラムの振る舞いを理解できるようにするプログラムの動的解析の一種です。プロファイリングにより、ボトルネックが存在しそうな場所を突き止め、最適化が必要かどうかを判断できます。プログラムのプロファイリングは、プログラムの各部分の実行頻度と実行時間を表す一連の統計データの形式をとります。

　Python には、プログラムのプロファイリングを行うためのツールがいくつか含まれています。そのうちの 1 つである cProfile は Python の標準ライブラリに含まれており、別途インストールする必要はありません。ここでは、dis モジュールについても見ていきます。このモジュールを利用すれば、Python コードをいくつかの小さな部分に逆アセンブルできるため、内部で何が行われているのかを理解しやすくなります。

## cProfile

　Python 2.5 以降には、cProfile がデフォルトで含まれています。cProfile を使用するには、python -m cProfile <プログラム> 構文を使って呼び出します。そうすると、cProfile モジュールが読み込まれて有効となり、計測を有効にした状態でプログラムが通常どおりに実行されます（リスト 10-2）。

●リスト 10-2：Python スクリプトに対して cProfile を使用した場合のデフォルトの出力

```
$ python -m cProfile myscript.py
         343 function calls (342 primitive calls) in 0.000 seconds

   Ordered by: standard name

   ncalls  tottime  percall  cumtime  percall filename:lineno(function)
        1    0.000    0.000    0.000    0.000 :0(_getframe)
        1    0.000    0.000    0.000    0.000 :0(len)
      104    0.000    0.000    0.000    0.000 :0(setattr)
        1    0.000    0.000    0.000    0.000 :0(setprofile)
        1    0.000    0.000    0.000    0.000 :0(startswith)
```

```
  2/1    0.000    0.000    0.000    0.000 <string>:1(<module>)
    1    0.000    0.000    0.000    0.000 StringIO.py:30(<module>)
    1    0.000    0.000    0.000    0.000 StringIO.py:42(StringIO)
```

　リスト 10-2 は、cProfile を使って単純なスクリプトを実行したときの出力を示しています。この出力から、プログラム内の各関数が呼び出された回数と、その実行にかかった時間がわかります。また、-s オプションを使って他のフィールドでソートすることもできます。たとえば、-s time と指定すると、内部時間に基づいて結果がソートされます。

　cProfile によって生成された情報は、KCacheGrind[注2]というすばらしいツールを使って可視化できます。このツールは C で書かれたプログラムで使用するために作成されたものですが、うまい具合に、データをコールツリーに変換すれば Python データでも使用できます。

　cProfile モジュールには、プロファイリングデータを保存できる -o オプションがあります。また、データを別のフォーマットに変換できる pyprof2calltree というコンバータもあります。このコンバータをインストールするには、次のコマンドを実行します[訳注1]。

```
$ pip install pyprof2calltree
```

　次に、リスト 10-3 に示すように、このコンバータを起動して、データを変換し（-i オプション）、変換されたデータで KCacheGrind を実行します（-k オプション）。

リスト 10-3：cProfile の実行と KCacheGrind の起動

```
$ python -m cProfile -o myscript.cprof myscript.py
$ pyprof2calltree -k -i myscript.cprof
```

　KCacheGrind が起動し、図 10-1 に示すような情報が表示されます。これらの可視化された結果を

---

※注2
https://kcachegrind.github.io/
※訳注1
KCacheGrind と、GraphViz などの可視化ツールもインストールしておく必要があるかもしれない（Linux では apt-get install kcachegrind graphviz、macOS では brew install qcachegrind、pip install graphviz など）。

Python ハッカーガイドブック　219

もとに、コールグラフを使って各関数で費やされた時間の割合を調べれば、プログラムにおいてリソースを大量に消費していそうな部分を特定することができます。

●図 10-1：KCacheGrind の出力の例

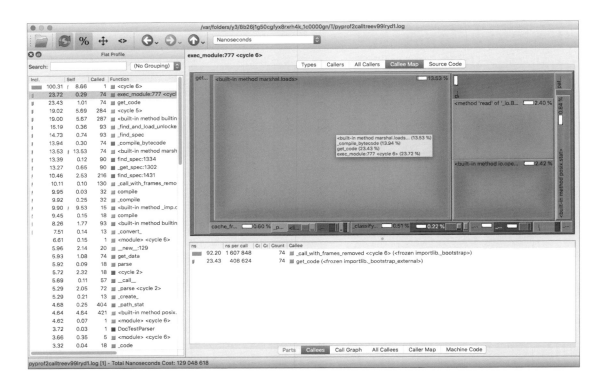

　KCacheGrind の情報を調べる場合は、画面左側のテーブルから始めるのが最も簡単です。このテーブルには、プログラムによって実行された関数やメソッドがすべて列挙されます。これらを実行時間でソートした後、CPU 時間を最も消費しているものを見つけてクリックしてください。

　KCacheGrind の右のパネルには、その関数を呼び出した関数と呼び出しの回数に加えて、その関数から呼び出されている他の関数が表示されます。プログラムのコールグラフは、各部分の実行時間を含んでおり、ナビゲートを容易にします。

　このようにすると、コードのどの部分に最適化が必要であるかがよく理解できるはずです。コードを最適化する方法については、プログラムの目的に応じてあなたが決めることになります。

　プログラムがどのように実行されるのかに関する情報の取得と可視化はプログラムを巨視的に捉えるのに役立ちますが、プログラムの要素をさらに詳しく調べるには、コードの特定の部分をより微視

的に捉える必要があるかもしれません。そのような場合は、dis モジュールを使って内部で何が行われているのかを突き止めたほうがよいでしょう。

## dis モジュールによる逆アセンブル

dis モジュールは、Python のバイトコードの逆アセンブラです。コードを分解すると、各行の裏で何が行われているのかを理解するのに役立つため、そのコードをうまく最適化できるようになります。たとえば、リスト 10-4 に示す dis.dis 関数は、引数として渡された関数を逆アセンブルし、その関数によって実行されるバイトコード命令のリストを出力します。

●リスト 10-4：関数を逆アセンブルする

```
>>> def x():
...     return 42
...
>>> import dis
>>> dis.dis(x)
  2           0 LOAD_CONST               1 (42)
              2 RETURN_VALUE
```

リスト 10-4 では、関数 x が逆アセンブルされ、バイトコード命令からなる構成要素が出力されています。ここでの演算は 2 つだけで、定数を読み込み（LOAD_CONST）、その値である 42 を返します（RETURN_VALUE）。

dis の効果を確認するために、同じこと ―― 3 つの文字の連結 ―― を行う 2 つの関数を定義し、それらを逆アセンブルして、それぞれがタスクを異なる方法で行うことを確認してみましょう。

```
abc = ('a', 'b', 'c')

def concat_a_1():
    for letter in abc:
        abc[0] + letter

def concat_a_2():
    a = abc[0]
```

```
for letter in abc:
    a + letter
```

　どちらの関数も同じことを行っているように見えますが、dis.dis 関数を使って逆アセンブルして
みると（リスト 10-5）、生成されるバイトコードが少し異なることがわかります[※訳注 2]。

●リスト 10-5：文字列を連結する関数の逆アセンブル

```
>>> import dis
>>> dis.dis(concat_a_1)
  2           0 SETUP_LOOP              24 ( to 26)
              2 LOAD_GLOBAL              0 (abc)
              4 GET_ITER
        >>    6 FOR_ITER                16 (to 24)
              8 STORE_FAST               0 (letter)

  3          10 LOAD_GLOBAL              0 (abc)
             12 LOAD_CONST               1 (0)
             14 BINARY_SUBSCR
             16 LOAD_FAST                0 (letter)
             18 BINARY_ADD
             20 POP_TOP
             22 JUMP_ABSOLUTE            6
        >>   24 POP_BLOCK
        >>   26 LOAD_CONST               0 (None)
             28 RETURN_VALUE
>>> dis.dis(concat_a_2)
  2           0 LOAD_GLOBAL              0 (abc)
              2 LOAD_CONST               1 (0)
              4 BINARY_SUBSCR
              6 STORE_FAST               0 (a)

  3           8 SETUP_LOOP              20 (to 30)
             10 LOAD_GLOBAL              0 (abc)
             12 GET_ITER
        >>   14 FOR_ITER                12 (to 28)
             16 STORE_FAST               1 (letter)
```

---

※訳注 2
Python のバージョンによって結果が異なることに注意。Python 3.8.1/3.8.2 では、SETUP_LOOP が出力されないなど、生成されるバイトコードが少し異なる。

```
 4          18 LOAD_FAST              0 (a)
            20 LOAD_FAST              1 (letter)
            22 BINARY_ADD
            24 POP_TOP
            26 JUMP_ABSOLUTE          14
      >>    28 POP_BLOCK
      >>    30 LOAD_CONST             0 (None)
            32 RETURN_VALUE
```

　リスト 10-5 の 2 つ目の関数では、ループを実行する前に abc[0] を一時変数に格納しています。このようにすると、イテレーションのたびに abc[0] を検索せずに済むため、ループ内で実行されるバイトコードが 1 つ目の関数よりも少し減ります。timeit を使って計測すると、2 つ目の関数が 1 つ目の関数よりも 10% ほど高速で、実行時間が 1 マイクロ秒短くなることがわかります。言うまでもなく、この関数を何十億回も呼び出すのではない限り、このマイクロ秒のために最適化を行う価値はありません。とはいえ、dis モジュールを利用すれば、このような情報が手に入ります。

　値をループの外で格納しておくといった「トリック」を用いるべきかどうかは状況によります。結局のところ、このような最適化はコンパイラに任せるべきでしょう。一方で、Python は非常に動的であるため、最適化にマイナスの副作用がないことをコンパイラに確認させるのはそう簡単ではありません。リスト 10-5 では、abc[0] を使用すると abc.__getitem__ が呼び出されますが、このメソッドが継承によってオーバーライドされている場合は副作用が生じたとしてもおかしくありません。使用している関数のバージョンによっては、abc.__getitem__ メソッドが 1 回だけ呼び出されることもあれば、複数回呼び出されることもあり、そのことによっても違いが生じるかもしれません。このため、コードを書いたり最適化したりする際には、くれぐれも注意してください。

# 10.3　関数を効率的に定義する

　筆者がコードレビューを行っているときに気付いたよくある間違いの 1 つは、関数内で関数を定義することです。このようにすると、関数が必要もないのに繰り返し再定義されるため、効率がよくありません。たとえばリスト 10-6 では、y 関数が複数回定義されています。

●リスト 10-6：関数の再定義

```
>>> import dis
>>> def x():
...     return 42
...
>>> dis.dis(x)
  2           0 LOAD_CONST               1 (42)
              2 RETURN_VALUE
>>> def x():
...     def y():
...         return 42
...     return y()
...
>>> dis.dis(x)
  2           0 LOAD_CONST               1 (<code object y at 0x10ea67be0, file "<stdin>",
line 2>)
              2 LOAD_CONST               2 ('x.<locals>.y')
              4 MAKE_FUNCTION            0
              6 STORE_FAST               0 (y)

  4           8 LOAD_FAST                0 (y)
             10 CALL_FUNCTION            0
             12 RETURN_VALUE

Disassembly of <code object y at 0x10ea67be0, file "<stdin>", line 2>:
  3           0 LOAD_CONST               1 (42)
              2 RETURN_VALUE
```

リスト 10-6 の結果から、MAKE_FUNCTION、STORE_FAST、LOAD_FAST、CALL_FUNCTION の呼び出しに必要なオペコードが、42 を返すために必要なオペコード（リスト 10-4）よりもずっと多いことがわかります。

関数内で関数を定義しなければならないケースは、関数クロージャを構築するときだけです。そして、このケースは Python のオペコード LOAD_CLOSURE によって完全に特定されます（リスト 10-7）[※訳注3]。

●リスト 10-7：クロージャを定義する

```
>>> def x():
...     a = 42
...     def y():
...         return a
...     return y()
...
>>> dis.dis(x)
  2           0 LOAD_CONST               1 (42)
              2 STORE_DEREF              0 (a)

  3           4 LOAD_CLOSURE             0 (a)
              6 BUILD_TUPLE              1
              8 LOAD_CONST               2 (<code object y at 0x103bf3d40, file "<stdin>",
line 3>)
             10 LOAD_CONST               3 ('x.<locals>.y')
             12 MAKE_FUNCTION            8
             14 STORE_FAST               0 (y)

  5          16 LOAD_FAST                0 (y)
             18 CALL_FUNCTION            0
             20 RETURN_VALUE

Disassembly of <code object y at 0x103bf3d40, file "<stdin>", line 3>:
  4           0 LOAD_DEREF               1 (a)
              2 RETURN_VALUE
```

コードの逆アセンブルは毎日使用するようなものではありませんが、内部で何が起きているのかを詳しく調べたい場合に便利なツールです。

---

※訳注3
Python 3.8.1/3.8.2 では、`12 MAKE_FUNCTION` 行で `8 (closure)` と出力される。

# 10.4　順序付きのリストと bisect

　次は、リストの最適化について見ていきましょう。リストがソートされていない場合、リスト内で特定のアイテムの位置を調べるための計算量は、最悪のケースで $O(n)$ になります。つまり、最悪の場合、そのアイテムが見つかるのはリスト内のすべてのアイテムを調べた後ということになるのです。

　この問題を最適化するための常套手段は、**ソート済み**のリストを使用することです。ソート済みのリストは、検索に二分法アルゴリズムを使用することで、$O(\log n)$ の計算量を達成します。考え方としては、リストを再帰的に半分に分けながら、左側と右側のどちらにアイテムが含まれていなければならないか —— つまり、次に左側と右側のどちらを検索すべきかを調べます。

　Python の bisect モジュールには、二分法アルゴリズムが含まれています（リスト 10-8）。

●リスト 10-8：bisect を使って干し草の山の中から針を見つけ出す

```
>>> import bisect
>>> farm = sorted(['haystack', 'needle', 'cow', 'pig'])
>>> bisect.bisect(farm, 'needle')
3
>>> bisect.bisect_left(farm, 'needle')
2
>>> bisect.bisect(farm, 'chicken')
0
>>> bisect.bisect_left(farm, 'chicken')
0
>>> bisect.bisect(farm, 'eggs')
1
>>> bisect.bisect_left(farm, 'eggs')
1
```

　リスト 10-8 に示すように、bisect.bisect 関数は、リストをソートされた状態に保つにあたって要素を挿入すべき位置を返します。当然ながら、これがうまくいくのはリストがそもそも正しくソートされている場合だけです。最初にリストをソートしておくと、アイテムの**理論上**のインデックスを取得できるようになります。つまり、bisect 関数から返される値は、アイテムがリストに含まれてい

るかどうかを表すのではなく、アイテムがリストに含まれているとしたらどこにあるはずかを表すわけです。このインデックス位置にあるアイテムを取り出せば、そのアイテムがリストに含まれているかどうかがわかります。

　ソート済みの正しい位置にアイテムを直接挿入したい場合もあるでしょう。bisect モジュールには、insort_left 関数と insort_right 関数も含まれています（リスト 10-9）。

●リスト 10-9：ソート済みのリストにアイテムを挿入する

```
>>> farm
['cow', 'haystack', 'needle', 'pig']
>>> bisect.insort(farm, 'eggs')
>>> farm
['cow', 'eggs', 'haystack', 'needle', 'pig']
>>> bisect.insort(farm, 'turkey')
>>> farm
['cow', 'eggs', 'haystack', 'needle', 'pig', 'turkey']
```

　bisect モジュールを使って SortedList という特別なクラスを定義することもできます。SortedList は list を継承し、常にソートされた状態のリストを作成します（リスト 10-10）。

●リスト 10-10：SortedList オブジェクトの実装

```
import bisect
import unittest

class SortedList(list):
    def __init__(self, iterable):
        super(SortedList, self).__init__(sorted(iterable))

    def insort(self, item):
        bisect.insort(self, item)

    def extend(self, other):
        for item in other:
            self.insort(item)

    @staticmethod
```

```python
    def append(o):
        raise RuntimeError("Cannot append to a sorted list")

    def index(self, value, start=None, stop=None):
        place = bisect.bisect_left(self[start:stop], value)
        if start:
            place += start
        end = stop or len(self)
        if place < end and self[place] == value:
            return place
        raise ValueError("%s is not in list" % value)

class TestSortedList(unittest.TestCase):
    def setUp(self):
        self.mylist = SortedList(['a', 'c', 'd', 'x', 'f', 'g', 'w'])

    def test_sorted_init(self):
        self.assertEqual(sorted(['a', 'c', 'd', 'x', 'f', 'g', 'w']), self.mylist)

    def test_sorted_insort(self):
        self.mylist.insort('z')
        self.assertEqual(['a', 'c', 'd', 'f', 'g', 'w', 'x', 'z'], self.mylist)
        self.mylist.insort('b')
        self.assertEqual(['a', 'b', 'c', 'd', 'f', 'g', 'w', 'x', 'z'], self.mylist)

    def test_index(self):
        self.assertEqual(0, self.mylist.index('a'))
        self.assertEqual(1, self.mylist.index('c'))
        self.assertEqual(5, self.mylist.index('w'))
        self.assertEqual(0, self.mylist.index('a', stop=0))
        self.assertEqual(0, self.mylist.index('a', stop=2))
        self.assertEqual(0, self.mylist.index('a', stop=20))
        self.assertRaises(ValueError, self.mylist.index, 'w', stop=3)
        self.assertRaises(ValueError, self.mylist.index, 'a', start=3)
        self.assertRaises(ValueError, self.mylist.index, 'a', start=333)

    def test_extend(self):
        self.mylist.extend(['b', 'h', 'j', 'c'])
        self.assertEqual(['a', 'b', 'c', 'c', 'd', 'f', 'g', 'h', 'j', 'w', 'x'], self.mylist)
```

list クラスをこのように使用すると、アイテムの挿入に関しては少し低速になります。というのも、アイテムを挿入する正しい位置をプログラムで調べなければならないからです。ただし、index メソッドを使用することに関しては、このクラスのほうがスーパークラスよりも高速です。当然ながら、このクラスで list.append メソッドを使用すべきではありません。リストの最後にアイテムを追加すれば、リストがソートされた状態ではなくなる可能性があるからです。

多くの Python ライブラリでは、二分木や赤黒木など、さらに多くのデータ型に対してリスト 10-10 のさまざまなバージョンが実装されています。Python の blist パッケージと bintree パッケージ[訳注4] には、これらの目的に使用できるコードが含まれています。カスタムバージョンを実装してデバッグするよりも、こちらのほうが便利です。

次節では、Python の組み込みのタプルデータ型を使って Python コードをもう少し高速化してみましょう。

# 10.5　名前付きタプルとスロット

プログラミングでは、固定の属性をいくつか持つだけの単純なオブジェクトの作成が必要になることがよくあります。単純な実装では、次のようなものになるかもしれません。

```
class Point(object):
    def __init__(self, x, y):
        self.x = x
        self.y = y
```

このコードは、確かにうまくいきます。ただし、この方法には欠点があります。ここではオブジェクトクラスを継承するクラスを作成しているため、この Point クラスを使用すると、オブジェクトを完全にインスタンス化して多くのメモリを割り当てることになるからです。

---

※訳注4
https://pypi.org/project/bintrees/

　Python では、標準的なオブジェクトは、その属性をすべてディクショナリに格納します。このディクショナリ自体は __dict__ 属性に格納されます（リスト 10-11）。

●リスト 10-11：Python オブジェクトの内部で属性がこのように格納される

```
>>> p = Point(1, 2)
>>> p.__dict__
{'x': 1, 'y': 2}
>>> p.z = 42
>>> p.z
42
>>> p.__dict__
{'x': 1, 'y': 2, 'z': 42}
```

　Python の dict を使用することには、オブジェクトに属性をいくつでも追加できるという利点があります。欠点は、これらの属性の格納にディクショナリを使用するため、かなりのメモリを消費することです。オブジェクト、キー、値参照など、それこそあらゆるものを格納する必要があります。このため、作成するのにも操作するのにも時間がかかり、しかもメモリコストが高くつきます。

　このメモリの無駄遣いを示す例として、次の単純なクラスについて考えてみましょう。

```
class Foobar(object):
    def __init__(self, x):
        self.x = x
```

　このコードは、x という属性が 1 つだけ定義された単純な Point オブジェクトを作成します。このクラスのメモリ使用量を memory_profiler で確認してみましょう。memory_profiler は、プログラムのメモリ使用量を 1 行ごとに確認できる便利な Python パッケージです。このオブジェクトを 100,000 個作成する小さなスクリプトを使って計測した結果は、リスト 10-12 のようになります[訳注5]。

---

※訳注5
pip install memory-profiler で memory_profiler をインストールしておく必要がある。

● リスト 10-12：オブジェクトを使用するスクリプトで memory_profiler を使用する

```
$ python -m memory_profiler object.py
Filename: object.py

Line #    Mem usage    Increment   Line Contents
================================================
     5                             @profile
     6     9.879 MB     0.000 MB   def main():
     7    50.289 MB    40.410 MB       f = [ Foobar(42) for i in range(100000) ]
```

　リスト 10-12 の結果から、Foobar クラスのオブジェクトを 100,000 個作成するのに 40MB のメモリ
を消費することがわかります。オブジェクト 1 つあたり 400 バイトという数字はそれほど悪くないよ
うに思えるかもしれませんが、数千個ものオブジェクトを作成するとなれば、メモリ消費は膨れ上が
ります。

　この dict のデフォルトの振る舞いを回避しつつオブジェクトを使用する方法があります。Python
のクラスでは、そのクラスのインスタンスに許可される属性だけを列挙する __slots__ 属性を定義で
きます。つまり、オブジェクトの属性を格納するためにディクショナリオブジェクトを丸ごと割り当
てるのではなく、それらの属性の格納に list オブジェクトを使用できるようになるわけです。

　CPython のソースコードで Objects/typeobject.c ファイルを調べてみると、クラスに __slots__
属性が設定されている場合に Python が何を行うのかをとても簡単に理解できます。リスト 10-13 は、
この部分を処理する関数からの抜粋です。

● リスト 10-13：Objects/typeobject.c からの抜粋

```
static PyObject *
type_new(PyTypeObject *metatype, PyObject *args, PyObject *kwds)
{
    ...
    /* Check for a __slots__ sequence variable in dict, and count it */
    slots = _PyDict_GetItemId(dict, &PyId___slots__);
    nslots = 0;
    ...
    if (slots == NULL) {
        ...
        if (may_add_dict)
```

```
            add_dict++;
        if (may_add_weak)
            add_weak++;
    }
    else {
        /* Have slots */
        /* Make it into a tuple */
        if (PyUnicode_Check(slots))
            slots = PyTuple_Pack(1, slots);
        else
            slots = PySequence_Tuple(slots);
        ...

        /* Are slots allowed? */
        nslots = PyTuple_GET_SIZE(slots);
        if (nslots > 0 && base->tp_itemsize != 0) {
            PyErr_Format(PyExc_TypeError,
                        "nonempty __slots__ "
                        "not supported for subtype of '%s'",
                        base->tp_name);
            goto error;
        }
        ...

        /* Copy slots into a list, mangle names and sort them.
           Sorted names are needed for __class__ assignment.
           Convert them back to tuple at the end.
        */
        newslots = PyList_New(nslots - add_dict - add_weak);
        if (newslots == NULL)
            goto error;
        ...
        if (PyList_Sort(newslots) == -1) {
            Py_DECREF(newslots);
            goto error;
        }
        slots = PyList_AsTuple(newslots);
        Py_DECREF(newslots);
        if (slots == NULL)
            goto error;
    }
    ...
```

```
/* Allocate the type object */
type = (PyTypeObject *)metatype->tp_alloc(metatype, nslots);
...
/* Keep name and slots alive in the extended type object */
et = (PyHeapTypeObject *)type;
Py_INCREF(name);
et->ht_name = name;
et->ht_slots = slots;
slots = NULL;
...
return (PyObject *)type;
```

　リスト 10-13 に示されているように、Python は __slots__ 属性の内容をタプルに変換し、さらに
リストに変換します。それによりリストが構築され、ソートした上でタプルに戻され、クラスで使
用するために格納されます。このようにすると、ディクショナリ全体を割り当てて使用しなくても、
Python が値をすばやく取り出すことができます。

　そのようなクラスを宣言して使用するのは、とても簡単です。そのために必要なのは、クラスで定
義される属性のリストを __slots__ 属性に設定することだけです。

```
class Foobar(object):
    __slots__ = ('x',)

    def __init__(self, x):
        self.x = x
```

　Python の memory_profiler パッケージを使って、2つのアプローチのメモリ使用量を比較してみ
ましょう（リスト 10-14）。

●リスト 10-14：__slots__ 属性を使用するスクリプトで memory_profiler を実行する

```
$ python -m memory_profiler slots.py
Filename: slots.py


Line #    Mem usage    Increment    Line Contents
```

```
==========================================
 7                          @profile
 8      9.879 MB    0.000 MB    def main():
 9     21.609 MB   11.730 MB        f = [ Foobar(42) for i in range(100000) ]
```

　リスト 10-14 の結果から、今回はオブジェクトを 100,000 個作成するのに必要なメモリが 12MB に満たないことがわかります。オブジェクト 1 つあたりに換算すると 120 バイト未満です。このように、Python クラスで __slots__ 属性を使用すると、メモリ使用量を減らすことができます。したがって、単純なオブジェクトを大量に作成する場合、__slots__ 属性は効果的かつ効率的な選択肢といえます。ただし、各クラスの属性のリストをハードコーディングして静的な型付けを実行することが目的であるとしたら、この手法を使用すべきではありません。そのようなことは Python プログラムの精神に反しているからです。

　この場合の欠点は、属性リストが固定になることです。新しい属性を実行時に Foobar クラスに追加することはできません。属性リストが固定であることから、リストに含まれている属性に常に値が設定されていて、フィールドが常に何らかの方法でソートされたクラスになることが容易に想像できるでしょう。

　collections モジュールの namedtuple は、まさにそうしたクラスです。このクラスを利用すれば、タプルクラスを継承するクラスを動的に作成できるため、イミュータブルであることやエントリの個数が固定になるなど、同じ特性を共有できます。

　namedtuple クラスでは、名前付きの属性を参照することでタプルの要素を取得できます。タプルの要素をインデックスで参照する必要がないため、タプルが使いやすくなります（リスト 10-15）。

●リスト 10-15：namedtuple を使ってタプルの要素を参照する

```
>>> import collections
>>> Foobar = collections.namedtuple('Foobar', ['x'])
>>> Foobar = collections.namedtuple('Foobar', ['x', 'y'])
>>> Foobar(42, 43)
Foobar(x=42, y=43)
>>> Foobar(42, 43).x
42
>>> Foobar(42, 43).x = 44
Traceback (most recent call last):
  File "<stdin>", line 1, in <module>
AttributeError: can't set attribute
```

```
>>> Foobar(42, 43).z = 0
Traceback (most recent call last):
  File "<stdin>", line 1, in <module>
AttributeError: 'Foobar' object has no attribute 'z'
>>> list(Foobar(42, 43))
[42, 43]
```

　リスト 10-15 から、単純なクラスの作成とインスタンス化をたった 1 行のコードで実行できることがわかります。このクラスのオブジェクトでは、属性はいずれも変更できず、オブジェクトに属性を追加することもできません。このクラスは namedtuple を継承しており、__slots__ 属性の値として空のタプルが設定されるため、__dict__ を作成できなくなっているからです。このようなクラスはタプルを継承するため、リストに変換するのは簡単です。

　namedtuple クラスファクトリのメモリ使用量を調べてみましょう（リスト 10-16）。

●リスト 10-16：namedtuple を使用するスクリプトで memory_profiler を実行する

```
$ python -m memory_profiler namedtuple.py
Filename: namedtuple.py

Line #    Mem usage    Increment   Line Contents
================================================
     4                             @profile
     5      9.895 MB     0.000 MB   def main():
     6     23.184 MB    13.289 MB       f = [ Foobar(42) for i in range(100000) ]
```

　オブジェクト 100,000 個に対しておよそ 13MB という結果から、namedtuple は __slots__ 属性を持つオブジェクトよりも若干効率が悪いことがわかります。しかし、タプルクラスとの互換性というボーナスがあるため、引数としてイテラブルを期待する Python のさまざまな組み込み関数やライブラリに渡せます。namedtuple クラスファクトリには、タプルに対するさまざまな最適化も適用されます。たとえば CPython では、アイテムの個数が PyTuple_MAXSAVESIZE（デフォルトは 20）に満たないタプルは、より高速なメモリアロケータを使用します。

　namedtuple クラスには、先頭にアンダースコアが付いているものの、実際にはパブリックメソッドであると意図された追加のメソッドもあります。_asdict メソッドは namedtuple を dict インスタ

ンスに変換でき、_make メソッドは既存のイテラブルオブジェクトを namedtuple インスタンスに変換できます。_replace メソッドは、オブジェクトのフィールドの一部を置き換えた新しいインスタンスを返します。

　namedtuple は、小さなオブジェクトの代わりに使用するのに適しています。小さなオブジェクトとは、ほんのいくつかの属性で構成され、カスタムメソッドを必要としないオブジェクトです。たとえば、ディクショナリの代わりに namedtuple を使用することを検討してみてください。メソッドがいくつか必要で、属性リストが固定で、何千回もインスタンス化されるかもしれないデータ型がある場合、__slots__ 属性を使ってカスタムクラスを作成すれば、メモリをうまく節約できるかもしれません。

# 10.6　メモ化

　**メモ化**（memoization）とは、関数呼び出しを高速化するために、その結果をキャッシュする最適化手法です。関数の結果をキャッシュできるのは、その関数が**純粋**である場合に限られます。つまり、その関数に副作用がなく、グローバルな状態に依存しない場合だけということです[※注3]。

　メモ化できる関数としてすぐに思い浮かぶものの1つに sin 関数があります（リスト 10-17）。

●リスト 10-17：メモ化された sin 関数

```
>>> import math
>>> _SIN_MEMOIZED_VALUES = {}
>>> def memoized_sin(x):
...     if x not in _SIN_MEMOIZED_VALUES:
...         _SIN_MEMOIZED_VALUES[x] = math.sin(x)
...     return _SIN_MEMOIZED_VALUES[x]
...
>>> memoized_sin(1)
0.8414709848078965
>>> _SIN_MEMOIZED_VALUES
```

---

※注3
純粋関数の詳細については第8章を参照のこと。

```
{1: 0.8414709848078965}
>>> memoized_sin(2)
0.9092974268256817
>>> memoized_sin(2)
0.9092974268256817
>>> _SIN_MEMOIZED_VALUES
{1: 0.8414709848078965, 2: 0.9092974268256817}
>>> memoized_sin(1)
0.8414709848078965
>>> _SIN_MEMOIZED_VALUES
{1: 0.8414709848078965, 2: 0.9092974268256817}
```

_SIN_MEMOIZED_VALUES の値が計算され、このディクショナリに格納されるのは、このディクショナリに格納されていない値を引数として memoized_sin 関数が最初に呼び出されたときです。同じ値で再び呼び出された場合は、値を再計算するのではなく、このディクショナリから取り出すことになります。sin 関数の計算は非常に高速ですが、もっと複雑な計算を伴う高度な関数の中には、メモ化の効果を実感できるほど時間のかかるものがあります。

デコレータの節をすでに読んでいて（まだ読んでいない場合は「7.1　デコレータとそれらを使用する状況」を参照してください）、デコレータを使用する絶好のチャンスだと考えているなら、そのとおりです。PyPI では、非常に単純なものから最も複雑で完成度の高いものまで、デコレータを使ったメモ化の実装がいくつか提供されています。

Python 3.3 以降の functools モジュールには、LRU（Least Recently Used）キャッシュデコレータが含まれています。このデコレータはメモ化と同じ機能を提供しますが、キャッシュ内のエントリの個数を制限し、キャッシュが最大サイズに達したら最後に使用してから最も時間が経っているエントリを削除するという利点があります。また、キャッシュヒットとキャッシュミス（アクセスしたキャッシュに何かが含まれていたかどうか）に関する統計データなども提供します。筆者が思うに、これらの統計データは、そうしたキャッシュを実装するにあたってなくてはならないものです。これはあらゆるキャッシュ手法にいえることですが、メモ化を使用する利点は、その使用状況と有用性を測定する能力にあります。

リスト 10-18 は、functools.lru_cache メソッドを使って関数のメモ化を実装する方法を示しています。このメソッドを使って関数をデコレートすると、cache_info メソッドが追加され、キャッシュの使用状況に関する統計データを取得できるようになります。

●リスト 10-18：キャッシュの統計データを調べる

```
>>> import functools
>>> import math
>>> @functools.lru_cache(maxsize=2)
... def memoized_sin(x):
...     return math.sin(x)
...
>>> memoized_sin(2)
0.9092974268256817
>>> memoized_sin.cache_info()
CacheInfo(hits=0, misses=1, maxsize=2, currsize=1)
>>> memoized_sin(2)
0.9092974268256817
>>> memoized_sin.cache_info()
CacheInfo(hits=1, misses=1, maxsize=2, currsize=1)
>>> memoized_sin(3)
0.1411200080598672
>>> memoized_sin.cache_info()
CacheInfo(hits=1, misses=2, maxsize=2, currsize=2)
>>> memoized_sin(4)
-0.7568024953079282
>>> memoized_sin.cache_info()
CacheInfo(hits=1, misses=3, maxsize=2, currsize=2)
>>> memoized_sin(3)
0.1411200080598672
>>> memoized_sin.cache_info()
CacheInfo(hits=2, misses=3, maxsize=2, currsize=2)
>>> memoized_sin.cache_clear()
>>> memoized_sin.cache_info()
CacheInfo(hits=0, misses=0, maxsize=2, currsize=0)
```

　リスト 10-18 のコードは、キャッシュがどのように使用され、最適化が必要かどうかがどのように判断されるのかを具体的に示しています。たとえば、キャッシュがまだいっぱいになっていないのにキャッシュミスの数が多い場合は、関数に同一の引数が渡されることがないためにキャッシュが無意味な存在になっているのかもしれません。この情報は、メモ化すべきものとそうでないものを判断するのに役立つでしょう。

# 10.7　PyPy による Python の高速化

**PyPy** は Python 言語の効率的な実装です。PyPy は標準に準拠しているため、どの Python プログラムでも実行できるはずです。言われてみれば、Python の標準実装である CPython（C で書かれているため、このような名前が付いています）は、かなり低速になることがあります。PyPy が開発された背景には、Python インタープリタを Python で記述するという考えがありました。やがて、PyPy は Python 言語の制限されたサブセットである RPython で記述されるようになりました。

RPython では、変数の型をコンパイル時に推定できなければならないといった制約が Python 言語に課されます。RPython のコードは C のコードに変換され、インタープリタをビルドするためにコンパイルされます。もちろん、Python 以外の言語を実装するために RPython を使用することも可能です。

PyPy の興味深い点は、技術的な課題への取り組みもさることながら、CPython よりも高速な Python として使用できるようになったことです。PyPy には **JIT**（Just-In-Time）コンパイラが組み込まれています。つまり、コンパイル済みのコードのスピードとインタープリタの柔軟性を兼ね備えた PyPy は、コードをより高速に実行できるのです。

どれくらい高速なのでしょうか。状況にもよりますが、純粋なアルゴリズムコードの場合はかなり高速になります。一般的なコードの場合、公称では、だいたい CPython の 3 倍以上の速度を実現するとされています。残念なのは、一度に 1 つのスレッドの実行しか許可されない**グローバルインタープリタロック**（GIL）など、CPython と同じ制限がいくつかあることです。

厳密に言えば最適化手法ではありませんが、サポートする Python 実装の 1 つに PyPy を加えるとよいかもしれません。PyPy をサポート実装にするには、CPython のときと同様に、ソフトウェアを必ず PyPy でテストしておく必要があります。第 6 章では、tox について説明しました[注4]。CPython の他のバージョンと同様に、tox は PyPy を使った仮想環境の構築もサポートしています。このため、PyPy のサポートを導入するのは非常に簡単なはずです。

PyPy のサポートをプロジェクトの最初の段階からテストしておけば、後からソフトウェアを PyPy で実行できるようにしたくなったとしても、それほど大変な作業にはならないでしょう。

---

※注4
6.2 節の「tox を使って仮想環境を管理する」を参照のこと。

NOTE　第 9 章で説明した Hy プロジェクトは、抜かりなく、この戦略を最初から導入しています。Hy は常に PyPy とその他すべての CPython のバージョンを問題なくサポートしてきました。これに対し、OpenStack のプロジェクトはそこまで用意周到ではなく、結果として、さまざまな理由により PyPy ではうまくいかないコードパスや依存関係に阻まれています。初期段階では、それらを完全にテストすることは求められていませんでした。

　PyPy には Python 2.7 と Python 3.5 との互換性があります[※監訳注1]。PyPy の JIT コンパイラは 32 ビットでも 64 ビットでも動作し、x86 アーキテクチャと ARM アーキテクチャ、そしてさまざまな OS（Linux、Windows、macOS）に対応しています。PyPy は、機能面では CPython にたびたび後れを取っているものの、定期的に追いついています。プロジェクトが CPython の最新の機能に依存しているのでなければ、この遅れは問題にならないかもしれません。

# 10.8　バッファプロトコルでゼロコピーを実現する

　プログラムでは、大量のデータを大きなバイト配列形式で扱わなければならないことがよくあります。そうした大量の入力を文字列として処理することは、コピー、スライス、書き換えによるデータの操作が始まった途端に、まったく効果的ではなくなる可能性があります。
　例として、小さなプログラムについて考えてみましょう。このプログラムは、バイナリデータを含んだ大きなファイルを読み取り、そのデータを部分的に別のファイルにコピーします。このプログラムのメモリ使用量を調べるために、先ほどと同じように memory_profiler を使用します。このファイルを部分的にコピーするプログラムは、リスト 10-19 のようになります。

●リスト 10-19：ファイルを部分的にコピーする

```
@profile
def read_random():
    with open("/dev/urandom", "rb") as source:
        content = source.read(1024 * 10000)
```

---

※監訳注 1
2020 年 3 月現在、Python 3.6 と互換性のあるバージョンがリリースされている。

```
            content_to_write = content[1024:]
        print("Content length: %d, content to write length %d" %
            (len(content), len(content_to_write)))
        with open("/dev/null", "wb") as target:
            target.write(content_to_write)

if __name__ == '__main__':
    read_random()
```

リスト 10-19 のプログラムを memory_profiler を使って実行すると、リスト 10-20 の出力が生成されます。

●リスト 10-20：ファイルの部分的なコピーのメモリプロファイリング

```
$ python -m memory_profiler memoryview/copy.py
Content length: 10240000, content to write length 10238976
Filename: memoryview/copy.py

Mem usage    Increment    Line Contents
================================================
                         @profile
  9.883 MB    0.000 MB    def read_random():
  9.887 MB    0.004 MB        with open("/dev/urandom", "rb") as source:
❶ 19.656 MB   9.770 MB            content = source.read(1024 * 10000)
❷ 29.422 MB   9.766 MB            content_to_write = content[1024:]
 29.422 MB    0.000 MB        print("Content length: %d, content to write length %d" %
 29.434 MB    0.012 MB            (len(content), len(content_to_write)))
 29.434 MB    0.000 MB        with open("/dev/null", "wb") as target:
 29.434 MB    0.000 MB            target.write(content_to_write)
```

　この出力から、このプログラムが /dev/urandom から 10MB のデータを読み取ることがわかります（❶）。Python では、このデータを文字列として格納するのに 10MB 程度のメモリを割り当てる必要があります。続いて、データブロック全体から最初の 1KB を差し引いたものをコピーします（❷）。

　リスト 10-20 の出力において興味深いのは、変数 content_to_write の作成時にプログラムのメモリ使用量が 10MB ほど増加していることです。実際には、slice 演算子がデータ全体から最初の 1KB を引いたものを新しい文字列オブジェクトにコピーし、10MB の大きなブロックを確保しています。

　この種の演算を大きなバイト配列で実行すると、大きなメモリブロックが割り当てられてコピーに使用されるため、悲惨なことになります。C のコードを書いたことがあれば知っているように、memcpy 関数を使用すると、メモリ使用量と全体的なパフォーマンスの両面で膨大なコストがかかります。

　しかし、C プログラマーである読者は、文字列が文字の配列であることと、配列の「一部」だけを調べるのに配列をコピーする必要はないことも知っているはずです。文字列全体が連続するメモリ領域に配置されているとすれば、基本的なポインタ演算を使って配列の一部を調べることができます。

　Python でも、**バッファプロトコル** (buffer protocol) を実装するオブジェクトを使って同じ操作が行えます。バッファプロトコルは PEP 3118[注5] で定義されており、このプロトコルを提供するためにさまざまな型で実装されなければならない C API として提供されています。たとえば、string クラスは、このプロトコルを実装しています。

　このプロトコルをオブジェクトで実装すると、memoryview クラスのコンストラクタを使って、元のオブジェクトメモリを参照する新しい memoryview オブジェクトを作成できるようになります。たとえば、memoryview オブジェクトを使って、コピーをいっさい行わずに文字列の一部にアクセスする方法はリスト 10-21 のようになります。

●リスト 10-21：memoryview を使ってデータのコピーを回避する

```
>>> s = b"abcdefgh"
>>> view = memoryview(s)
>>> view[1]
98
>>> limited = view[1:3]
>>> limited
<memory at 0x7fca18b8d460>
>>> bytes(view[1:3])
b'bc'
```

　❶で、文字 b の ASCII コードが出力されています。リスト 10-21 のコードは、memoryview オブジェクトの slice 演算子が memoryview オブジェクトを返すことを利用しています。つまり、データの特定のスライスを参照するだけで、データをまったくコピーしないため、コピーに使用されたはずのメモリが節約されるわけです。リスト 10-21 のコードを図解すると、図 10-2 のようになります。

---

※注5
https://www.python.org/dev/peps/pep-3118/

●図10-2：memoryview オブジェクトで slice を使用する

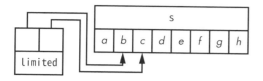

　リスト10-19 のプログラムを書き換え、新しい文字列を割り当てる代わりに memoryview オブジェクトを使用することで、書き出したいデータを参照するようにしてみましょう（リスト 10-22）。

●リスト 10-22：memoryview を使ってファイルを部分的にコピーする

```
@profile
def read_random():
    with open("/dev/urandom", "rb") as source:
        content = source.read(1024 * 10000)
        content_to_write = memoryview(content)[1024:]
    print("Content length: %d, content to write length %d" %
        (len(content), len(content_to_write)))
    with open("/dev/null", "wb") as target:
        target.write(content_to_write)


if __name__ == '__main__':
    read_random()
```

　リスト 10-22 のコードが使用するメモリの量は、リスト 10-19 の最初のバージョンの半分です。このことを確認するために、memory_profiler を使って再びテストしてみましょう。

```
$ python -m memory_profiler memoryview/copy-memoryview.py
Content length: 10240000, content to write length 10238976
Filename: memoryview/copy-memoryview.py

Mem usage      Increment    Line Contents
========================================
                            @profile
9.887 MB       0.000 MB     def read_random():
```

```
❶    9.891 MB    0.004 MB        with open("/dev/urandom", "rb") as source:
❷   19.660 MB    9.770 MB            content = source.read(1024 * 10000)
    19.660 MB    0.000 MB            content_to_write = memoryview(content)[1024:]
    19.660 MB    0.000 MB            print("Content length: %d, content to write length %d" %
    19.672 MB    0.012 MB                (len(content), len(content_to_write)))
    19.672 MB    0.000 MB            with open("/dev/null", "wb") as target:
    19.672 MB    0.000 MB                target.write(content_to_write)
```

　これらの結果から、/dev/urandom から 10,000KB のデータを読み取り、その大部分を使用していないことがわかります（❶）。このデータを文字列として格納するために Python が確保しなければならないメモリは 9.77MB です（❷）。

　ここでは、データブロック全体から最初の 1KB を差し引いたものを参照しています。その最初の 1KB はターゲットファイルに書き出さない部分だからです。コピーしていないため、それ以上メモリは使用されません。

　この種のトリックが特に役立つのは、ソケットを扱う場合です。ソケット経由でデータを送信する際には、データが 1 回の呼び出しで送信されるのではなく、複数の呼び出しに分かれることがあります。socket.send メソッドはネットワークに送出することが可能な実際のデータの長さを返しますが、その長さは送信しようとしていたデータの長さに満たないかもしれません。通常、この状況に対処する方法はリスト 10-23 のようになります。

●リスト 10-23：ソケット経由でデータを送信する

```
import socket

s = socket.socket(...)
s.connect(...)
data = b"a" * (1024 * 100000)      ❶
while data:
    sent = s.send(data)
    data = data[sent:]             ❷
```

　まず、文字 a を 1 億個以上含んだ bytes オブジェクトを作成します（❶）。続いて、最初の sent バイトを削除します（❷）。

プログラムでは、リスト 10-23 で実装されるメカニズムを使って、ソケットがすべてのデータを送信するまでデータを繰り返しコピーすることになります。

　リスト 10-23 のプログラムを memoryview を使って書き換えれば、同じ機能をゼロコピーで実現できるため、結果としてパフォーマンスがよくなります（リスト 10-24）。

●リスト 10-24：memoryview を使ってソケット経由でデータを送信する

```
import socket

s = socket.socket(...)
s.connect(...)
❶    data = b"a" * (1024 * 100000)
mv = memoryview(data)
while mv:
    sent = s.send(mv)
❷    mv = mv[sent:]
```

　まず、文字 a を 1 億個以上含んだ bytes オブジェクトを作成します（❶）。次に、これから送信するデータをコピーするのではなく、そのデータを指している memoryview オブジェクトを新たに作成します（❷）。このプログラムは何もコピーしないため、data 変数で最初に必要となる 100MB を超えるメモリを使用することはありません。

　memoryview オブジェクトを使ってデータを効率よく書き出す方法を見てきましたが、同じ方法を使ってデータを「読み取る」こともできます。Python のほとんどの I/O 処理は、バッファプロトコルを実装しているオブジェクトの扱い方を心得ています。それらのオブジェクトから読み取ることも、それらのオブジェクトに書き込むことも可能です。この場合、memoryview オブジェクトは必要ありません。あらかじめ割り当てておいたオブジェクトへの書き込みを I/O 関数に命令するだけでよいからです（リスト 10-25）。

●リスト 10-25：事前に割り当てられた bytearray への書き込み

```
>>> ba = bytearray(8)
>>> ba
bytearray(b'\x00\x00\x00\x00\x00\x00\x00\x00')
>>> with open("/dev/urandom", "rb") as source:
...     source.readinto(ba)
```

```
...
8
>>> ba
bytearray(b'\x87`\x8d\xca\xb0\xbb\x1eS')
```

　リスト 10-25 では、開いたファイルの readinto メソッドを使用することで、ファイルからデータ
を直接読み込み、あらかじめ割り当てておいた bytearray に書き出せます。このような手法を用いれ
ば、バッファを事前に割り当て（C で malloc 呼び出しの数を減らすのと同じ要領です）、必要に応じ
てデータを設定するのは簡単です。memoryview を使用すれば、メモリ領域のどこにでもデータを配
置できます（リスト 10-26）。

●リスト 10-26：bytearray の任意の位置に書き出す

```
>>> ba = bytearray(8)
❶ >>> ba_at_4 = memoryview(ba)[4:]
>>> with open("/dev/urandom", "rb") as source:
❷ ...     source.readinto(ba_at_4)
...
4
>>> ba
bytearray(b'\x00\x00\x00\x00\x0b\x19\xae\xb2')
```

　bytearray の終わりからオフセット 4 の位置を開始位置とし（❶）、それ以降の部分を参照します。
続いて、オフセット 4 から bytearray の終わりまでの /dev/urandom の内容を書き出し、実質的に
4 バイトだけを読み取ります（❷）。

　バッファプロトコルは、メモリのオーバーヘッドを低く抑え、パフォーマンスを大幅に向上させる
にあたって、きわめて重要な役割を果たします。Python では、メモリの確保はすべて開発者から見
えないように隠されるため、プログラムの速度を犠牲にして内部で何が行われているのかを開発者は
つい忘れがちです。

　array モジュールのオブジェクトと struct モジュールの関数は、どちらもバッファプロトコルを
正しく扱えます。このため、ゼロコピーが目標である場合に、処理を効率よく行うことができるのです。

# 10.9 まとめ

　本章で示したように、Python コードを高速化する方法はたくさんあります。データを操作するための正しいデータ構造と正しいメソッドを選択すれば、CPU とメモリの使用量に大きな影響を与えます。だからこそ、Python の内部で何が行われているのかを理解することが重要なのです。

　ただし、最初に適切なプロファイリングを行わない「早まった最適化」は何としても避けるべきです。肝心の問題点を見逃したまま、ほとんど使用されないコードをより高速なバージョンに書き換えたところで、時間が無駄になるだけです。全体像を見失わないようにしてください。

# 10.10 Victor Stinner、最適化について語る

　Victor Stinner はベテランの Python ハッカーであり、コアコントリビューターであり、さまざまな Python モジュールの作成者です。Victor は 2013 年に PEP 454 を作成し、Python 内でのメモリブロック割り当てを追跡するための新しいモジュール tracemalloc を提案しました。また、FAT と呼ばれるシンプルな AST オプティマイザも作成しています。Victor は CPython のパフォーマンスの改善にも定期的に貢献しています。

**Python コードを最適化するための戦略として何から始めるのがよいでしょうか?**

　　Python でも他の言語でも戦略は同じです。まず、再現性のある安定したベンチマークを手に入れるために、明確に定義されたユースケースが必要です。信頼できるベンチマークがなければ、さまざまな最適化を試しても時間の無駄になるだけで、早まった最適化に終わるかもしれません。無意味な最適化は、コードの品質や読みやすさ、さらには速度をかえって低下させることがあります。最適化が有益であるとすれば、プログラムの速度を少なくとも 5% 向上させなければなりません。そうでなければ追求する価値はありません。

　　コードの特定の部分が「低速である」と見なされる場合は、そのコードに対するベンチマーク

を準備すべきです。短い関数に対するベンチマークは、通常は**マイクロベンチマーク**（micro-benchmark）と呼ばれます。マイクロベンチマークでの最適化を正当化するには、少なくとも20%、場合によっては25%の速度の改善が必要です。

ベンチマークをさまざまなコンピュータ、OS、あるいはコンパイラで実行してみるとおもしろいかもしれません。たとえば、Linux と Windows では realloc 関数のパフォーマンスが大きく異なることがあります。

**Python コードのプロファイリングや最適化にお勧めのツールはありますか？**

Python 3.3 には、ベンチマーク用に経過時間を計測する time.perf_counter 関数が含まれており、最も精度の高い計測が行えます。

テストは複数回行うべきです。最低ラインは3回であり、5回テストすれば十分かもしれません。テストを繰り返すと、ディスクキャッシュと CPU キャッシュが埋まります。私は最小処理時間を追跡することにしていますが、幾何平均を追跡する開発者もいます。

マイクロベンチマークで使いやすいのは timeit モジュールで、結果がすばやく得られますが、デフォルトのパラメータを使用した場合の結果はあまり当てになりません。安定した結果が得られるまで、テストを手動で繰り返す必要があります。

最適化にはかなり時間がかかることがあるため、最も CPU を使用する関数に焦点を合わせるのが得策です。これらの関数を特定するために、Python には、各関数で費やされた時間を記録するための cProfile モジュールと profile モジュールが用意されています。

**パフォーマンスの改善につながるかもしれない Python トリックはありますか？**

できるだけ標準ライブラリを再利用すべきです。標準ライブラリは十分にテストされており、しかも通常は効率的です。Python の組み込み型は C で実装されており、十分なパフォーマンスを提供します。Python には、dict、list、deque、set など、さまざまな種類のコンテナが用意されているため、正しいコンテナを使ってパフォーマンスを最適化してください。

Python を最適化するためのハックもありますが、そうしたハックはわずかなスピードアップと引き換えにコードの読みやすさが犠牲になってしまうため、避けるべきです。

The Zen of Python（PEP 20）には、「何かを行う明白な方法があるはずで、できれば1つだけであることが望ましい」と書かれています。実際には、Python コードにはさまざまな書き方があり、パフォーマンスは同じではありません。信用できるのは、各自のユースケースに対するベンチマークだけです。

**Pythonにおいて最もパフォーマンスが悪く、油断ならない部分はどこでしょうか？**

通常は、新しいアプリケーションを開発するときには、パフォーマンスについてあれこれ考えないようにしています。早まった最適化は諸悪の根源です。アルゴリズムを変更するのは、時間がかかっている関数が判明したときです。アルゴリズムとコンテナの種類が適切であれば、最善のパフォーマンスを達成するために短い関数をCで書き直すのもよいでしょう。

CPythonのボトルネックの1つは、グローバルインタープリタロック（GIL）です。2つのスレッドでPythonのバイトコードを同時に実行することはできません。ただし、この制限が問題になるのは、2つのスレッドが純粋なPythonコードを実行している場合だけです。処理時間のほとんどが関数呼び出しに費やされていて、それらの関数がGILを解放するとしたら、GILはボトルネックではありません。たとえば、ほとんどのI/O関数はGILを解放します。

GILに対処するためにマルチプロセッシングモジュールを使用するという方法もあります。もう少し実装が難しいものの、非同期コードを記述するという手もあります。Twistedプロジェクト、Tornadoプロジェクト、そしてTulipプロジェクトは、この手法を利用するネットワーク指向のライブラリです。

**パフォーマンスに関してよく見られる誤りは何でしょうか？**

Pythonをよく理解していないと、効率の悪いコードを書いてしまうことがあります。たとえば、コピーが必要ないのに、誤ってcopy.deepcopy関数が使用されているのを見たことがあります。非効率的なデータ構造もパフォーマンスにとって致命的です。アイテムの個数が100に満たないとしたら、コンテナの種類はパフォーマンスに影響を与えません。アイテムの個数がそれよりも多い場合は、各演算（add、get、delete）の計算量とその影響を知っておかなければなりません。

# 11

# 第11章　スケーリングとアーキテクチャ

遅かれ早かれ、開発プロセスで回復力とスケーラビリティについて検討しなければならないときが来るでしょう。アプリケーションのスケーラビリティ、並行性、並列性は、最初のアーキテクチャと設計に大きく左右されます。これから本章で見ていきますが、マルチスレッディングのようにPythonに正しく適用されないパラダイムもあれば、サービス指向アーキテクチャ(SOA)のようにうまく適用される手法もあります。

スケーラビリティを完全にカバーするとなると、それだけで1冊の本になってしまいます。しかも、スケーラビリティは多くの本で取り上げられています。本章では、数百万人ものユーザーによって使用されるアプリケーションを構築する予定がなかったとしても、知っておかなければならないスケーリングの基礎を取り上げます。

# 11.1　Python のマルチスレッディングとその制限

　デフォルトでは、Python のプロセスは**メインスレッド**（main thread）と呼ばれる 1 つのスレッドの
みで実行されます。このスレッドは 1 つのプロセッサ上でコードを実行します。**マルチスレッディン
グ**（multithreading）とは、複数のスレッドを同時に実行することにより、1 つの Python プロセス内で
コードを同時に実行できるようにするプログラミング手法のことです。ここでは、マルチスレッディ
ングを主なメカニズムとして、Python での並行処理について説明します。コンピュータに複数のプ
ロセッサが搭載されている場合は、さらに**並列処理**（parallelism）を利用することもできます。並列処
理では、コードの実行を高速化するために、複数のプロセッサでスレッドを同時に実行します。

　マルチスレッディングが最もよく使用されるのは、次のような状況です（ただし、常に適切である
とは限りません）。

- メインスレッドの実行を停止させることなく、バックグラウンドタスクまたは I/O ベースのタス
  クを実行する必要がある場合。たとえば、GUI のメインループがイベント（ユーザーのクリック、
  キーボード入力など）を待機しているが、コードが他のタスクを実行する必要があるなど。
- ワークロードを複数の CPU に分散させる必要がある場合。

　1 つ目のシナリオは、マルチスレッディングに適した一般的なユースケースです。この状況でマル
チスレッディングを実装すると複雑さが増すことになりますが、マルチスレッディングは制御しやす
く、ワークロードが CPU に集中しない限り、パフォーマンスが低下することはないはずです。並行
処理に基づくパフォーマンスの改善のほうに注目が集まるのは、I/O の遅延が大きい状況で、I/O 主
体のワークロードに並行処理を使用する場合です。読み取りや書き込みを待たなければならない状況
が増えれば増えるほど、その間に別の何かを行うことのメリットが大きくなります。

　2 つ目のシナリオでは、新しいリクエストを一度に 1 つずつ処理するのではなく、リクエストごと
に新しいスレッドを開始することが考えられます。このためマルチスレッディングに適しているよう
に思えるかもしれませんが、このようにワークロードを分散させると、その先には Python の**グロー
バルインタープリタロック**（GIL）が待ち構えています。GIL は、CPython がバイトコードを実行するた

びに取得しなければならないロックです。このロックは、Python インタープリタを制御できるスレッドが常に1つだけであることを意味します。このルールはもともと競合状態を回避するために導入されたものですが、残念ながら、アプリケーションをスケーリングして複数のスレッドで実行できるようにしようとすれば、常に GIL の制限を受けることになります。

そのようなわけで、スレッドの使用は理想的なソリューションのように見えますが、リクエストを複数のスレッドで実行するアプリケーションのほとんどは、150% の CPU 使用率、あるいは 1.5 コアに相当する使用率を達成するのに苦戦しています。ほとんどのコンピュータは4コアまたは8コアを搭載しており、サーバーは 24 または 48 コアを搭載していますが、GIL のせいで Python は CPU を完全に活用できずにいます。GIL を排除するための取り組みがいくつか進められていますが、パフォーマンスと下位互換性の妥協点を探る必要があるため、きわめて複雑な作業となります。

CPython は最もよく使用されている Python 言語の実装ですが、GIL を持たない実装も存在します。たとえば **Jython** では、複数のスレッドを同時に効率よく実行できます。残念ながら、Jython などのプロジェクトはそうした特性があだとなって CPython に後れを取っており、間違いなく有用であるとは断言できません。イノベーションが起きるのは CPython であり、他の実装は CPython の後を追っているだけです。

そこで、ここまでの内容に基づいて2つのシナリオを再検討し、もっとよいソリューションを考えてみましょう。

- バックグラウンドタスクを実行する必要がある場合はマルチスレッディングを使用できるが、イベントループに基づいてアプリケーションを構築するほうが簡単である。この機能を提供する Python モジュールは豊富に揃っており、現在の標準は asyncio である。Twisted など、同じ概念を中心とするフレームワークも提供されている。非常に高度なフレームワークでは、シグナル、タイマー、ファイルデスクリプタのアクティビティに基づいてイベントにアクセスできる。この点については、「11.3　イベント駆動型アーキテクチャ」で取り上げる。
- ワークロードを分散させる必要がある場合は、複数のプロセスを使用するのが最も効率的である。この手法については、次節で取り上げる。

開発者はマルチスレッディングを使用する前に常によく考えるべきです。一例を挙げると、筆者はかつて、rebuildd でのジョブのディスパッチにマルチスレッディングを使用したことがあります。rebuildd は筆者が数年前に記述した Debian ビルドデーモンです。実行中のビルドジョブをそれぞれ

制御するのに別々のスレッドを使用するのが便利に思えたのですが、すぐに Python のスレッド並列
処理の罠にはまってしまいました。最初からやり直す機会があったとしたら、非同期イベント処理か
マルチプロセッシングベースのものを構築し、GIL について考えずに済むようにしたでしょう。

　マルチスレッディングは複雑であり、マルチスレッドアプリケーションを正しく構築するのは難し
い作業です。スレッドの同期とロックに対処する必要があるため、バグが紛れ込む機会はいくらでも
あります。全体的な利益がわずかであることを考えると、作業を進めすぎて引き返せなくなる前に、
もう一度考えてみたほうがよいでしょう。

# 11.2　マルチプロセッシングとマルチスレッディング

　GIL のことを考えると、マルチスレッディングはよいスケーラビリティソリューションとはいえま
せん。そこで、Python の `multiprocessing` パッケージによって提供される別のソリューションに目
を向けてみましょう。このパッケージのインターフェイスはマルチスレッディングモジュールを使用
するときのインターフェイスと同じですが、新しいシステムスレッドではなく、（os.fork 関数により）
新しい**プロセス**が開始されます。

　単純な例として、100 万個の乱数を 8 回にわたって合計するコードを見てみましょう。この例では、
このアクティビティを同時に 8 つのスレッドに分散させます（リスト 11-1）。

●リスト 11-1：同時アクティビティにマルチスレッディングを使用する（worker.py）

```
import random
import threading

results = []
def compute():
    results.append(sum([random.randint(1, 100) for i in range(1000000)]))

workers = [threading.Thread(target=compute) for x in range(8)]
for worker in workers:
    worker.start()
for worker in workers:
```

```
        worker.join()
    print("Results: %s" % results)
```

リスト11-1では、threading.Threadクラスを使って8つのスレッドを作成し、それらをworkers配列に格納しています。それらのスレッドはcompute関数を実行します。続いて、startメソッドを使って実行を開始します。joinメソッドは、スレッドの実行が終了したら制御を戻すだけです。この時点で、結果を出力できます。

このプログラムを実行すると、次のような出力が返されます。

```
$ time python worker.py
Results: [50517927, 50496846, 50494093, 50503078, 50512047, 50482863, 50543387, 50511493]
python worker.py   13.04s user 2.11s system 129% cpu 11.662 total
```

このコードは、アイドル状態の4コアCPU上で実行されています。つまり、PythonのCPU使用率は最大で400%になる計算です。ただし、これらの結果から、8つのスレッドを同時に実行してもそのような数字を達成できなかったことは明らかです。CPU使用率は最大で129%であり、ハードウェアのキャパシティの32.25%(400分の129)に過ぎません。

では、multiprocessingを使って、この実装を書き換えてみましょう。このような単純な例では、マルチプロセッシングへの切り替えは非常に簡単です(リスト11-2)。

●リスト11-2：同時アクティビティにマルチプロセッシングを使用する (workermp.py)

```
import multiprocessing
import random


def compute(n):
    return sum([random.randint(1, 100) for i in range(1000000)])

# 8つのワーカーを開始
pool = multiprocessing.Pool(processes=8)
print("Results: %s" % pool.map(compute, range(8)))
```

multiprocessing モジュールには、Pool クラスが含まれています、このクラスのコンストラクタは、開始するプロセスの個数を引数として受け取ります。このクラスの map メソッドは組み込みの map 関数と同じように動作しますが、compute 関数の実行は別の Python プロセスによって管理されます。

リスト 11-2 のプログラムをリスト 11-1 と同じ条件のもとで実行すると、次のような結果が得られます。

```
$ time python workermp.py
Results: [50495989, 50566997, 50474532, 50531418, 50522470, 50488087, 0498016, 50537899]
python workermp.py  16.53s user 0.12s system 363% cpu 4.581 total
```

マルチプロセッシングにより、実行時間が 60% 短縮されています。さらに、CPU 使用率は最大で 363% に達しています。この数字はコンピュータの CPU キャパシティの 90.75%（400 分の 363）に相当します。

何らかの処理を並列化できると考えている場合、マルチプロセッシングを使用し、ワークロードを複数の CPU コアに分散させるためにジョブをフォークするほうが、たいていは効果的です。fork 呼び出しのコストはかなり大きいため、実行時間がかなり短い場合にはあまり適していませんが、より大きな処理が必要な場合はとてもうまくいきます。

# 11.3　イベント駆動型アーキテクチャ

**イベント駆動型プログラミング**（event-driven programming）は、プログラムの流れを整理するのに適したソリューションです。このソリューションには、プログラムの流れを制御するためにユーザー入力などのイベントを使用するという特徴があります。イベント駆動型プログラムは、さまざまなイベントの発生をキューで待ち受け（リッスンし）、渡されたイベントに基づいて処理を行います。

たとえば、ソケットで接続をリッスンし、渡された接続を処理するアプリケーションを構築したいとしましょう。この問題に対処する方法は、基本的に次の3つです。

- `multiprocessing` モジュールのようなものを利用して、新しい接続が確立されるたびに新しいプロセスをフォークする。
- `threading` モジュールのようなものを利用して、新しい接続が確立されるたびに新しいスレッドを開始する。
- この新しい接続をイベントループに追加し、その接続によって生成されるイベントが発生したときに対処する。

現代のコンピュータは、数万件もの接続に同時に対処しなければならないことがあります。それだけの接続にどのように対処すべきかを判断することを、**C10K 問題**（C10K problem）といいます。C10K問題の解決戦略では、何よりもまず、何百ものイベントソースのリッスンにイベントループを使用するほうが、たとえば接続ごとに1つのスレッドを使用する方法よりもずっとスケーラブルであることがわかります。だからといって、これらの2つの手法に互換性がないというわけではなく、たいていはマルチスレッドの手法をイベント駆動のメカニズムに置き換えることが可能です。

イベント駆動型のアーキテクチャはイベントループを使用します。つまり、イベントを受け取ってそれを処理する準備が整うまで実行をブロックする関数をプログラムから呼び出します。要するに、入力や出力が完了するのを待つ間、プログラムは引き続き他のタスクを実行できることになります。最も基本的なイベントは、「データ読み取り準備の完了」と「データ書き出し準備の完了」の2つです。

　Unix では、そうしたイベントループを構築するための標準的な関数は select(2) か poll(2) の 2 つのシステムコールです。これらの関数は、リッスンの対象となるファイルデスクリプタのリストを受け取り、それらのファイルデスクリプタが 1 つでも読み書きできる状態になったらすぐに制御を戻します。

　Python では、select モジュールを通じて、これらのシステムコールにアクセスできます。これらの呼び出しを使ってイベント駆動型システムを構築するのは簡単ですが、単調で手間のかかる作業になるかもしれません。リスト 11-3 は、指定されたタスクを行うイベント駆動型システムを示しています。このシステムは、ソケットをリッスンし、受け取った接続を処理します。

●リスト 11-3：接続を待ち受けて処理するイベント駆動型プログラム

```python
import select
import socket

server = socket.socket(socket.AF_INET, socket.SOCK_STREAM)
# 読み取り / 書き出し処理ではブロックしない
server.setblocking(0)

# ソケットをポートにバインド
server.bind(('', 50007))
server.listen(8)

while True:
    # select() は、読み取り、書き出し、またはエラー送出の準備が整った
    # オブジェクト（ソケット、ファイル ...）を含んだ 3 つの配列を返す
    inputs, outputs, excepts = select.select([server], [], [server])
    if server in inputs:
        connection, client_address = server.accept()
        connection.send("hello!\n")
```

　リスト 11-3 では、サーバーソケットが作成され、**ノンブロッキング**モードに設定されます。つまり、そのソケットで試みられた読み取り／書き出し演算によってプログラムがブロックされることはないということです。読み取り可能なデータがない状態でプログラムがソケットからの読み取りを試みた場合、ソケットの recv メソッドによって OSError が送出され、ソケットの準備ができていないことが示されます。setblocking(0) を呼び出さなかった場合、ソケットはブロッキングモードのままと

なり、エラーを送出しないため、ここでの目的に即していません。その後、ソケットはポートにバインドされ、最大で8つの接続をリッスンします。

　メインループはselect関数を使って構築されます。この関数は、読み取りの対象となるファイルデスクリプタのリスト（この場合はソケット）、書き出しの対象となるファイルデスクリプタのリスト（この場合はなし）、例外を受け取るファイルデスクリプタのリスト（この場合はソケット）を引数として受け取ります。select関数は、選択されたファイルデスクリプタの1つが読み取りまたは書き出し可能な状態になるか、例外が送出された時点で、制御を戻します。この関数から返される値は、リクエストと一致するファイルデスクリプタのリストです。このようにして、読み取り可能なファイルデスクリプタのリストに、そのソケットが含まれているかどうかを簡単にチェックできます。そしてソケットが含まれている場合は、接続を受け取ってメッセージを送信します。

# 11.4　その他の選択肢と asyncio

　TwistedやTornadoを始めとして、この種の機能をより統合的な方法で提供するフレームワークも数多く存在します。この領域では、長年にわたってTwistedがデファクトスタンダードとなっています。Pythonインターフェイスをエクスポートするlibevent、libev、libuvなどのCライブラリも、非常に効率的なイベントループを提供します。

　これらの選択肢は、どれも同じ問題を解決します。欠点は、このように幅広い選択肢があるものの、そのほとんどが相互運用可能ではないということです。また、それらの多くは**コールバックベース**であるため、コードを読んでもプログラムの流れがあまり明確ではありません。プログラムを完全に追いかけるには、あちこち移動しなければならないのです。

　コールバックを使用しないgeventやgreenletといったライブラリもあります。ただし、実装上の詳細には、CPythonのx86固有のコードや、実行時の標準関数の動的な書き換えが含まれるため、これらのライブラリを長期的に使用したりメンテナンスしたりするのは避けたいところです。

　2012年、Guido van RossumによってコードネームTulipというソリューションへの取り組みが開始されました[注1]。このパッケージの目的は、あらゆるフレームワークやライブラリとの互換性と相互

---

※注1
このプロジェクトの詳細は PEP 3156 にまとめられている。
https://www.python.org/dev/peps/pep-3156/

運用性を確保する標準的なイベントループインターフェイスを提供することでした。

　その後、Tulip コードは改名されて asyncio モジュールとして Python 3.4 に統合され、現在ではデファクトスタンダードとなっています。ただし、すべてのライブラリに asyncio との互換性があるわけではなく、既存のバインディングのほとんどは修正が必要です。

　Python 3.6 の時点で、asyncio は十分に統合されており、await キーワードと async キーワードを使って簡単に使用できるようになっています。リスト 11-4 は、非同期 HTTP バインディングを提供する aiohttp ライブラリを使用する方法を示しています。この例では、aiohttp を asyncio と組み合わせて使用することで、複数の Web ページを同時に取得します[訳注2]。

●リスト 11-4：aiohttp を使って複数の Web ページを同時に取得する

```
import aiohttp
import asyncio

async def get(url):
    async with aiohttp.ClientSession() as session:
        async with session.get(url) as response:
            return response

loop = asyncio.get_event_loop()

coroutines = [get("http://example.com") for _ in range(8)]

results = loop.run_until_complete(asyncio.gather(*coroutines))

print("Results: %s" % results)
```

　get 関数は非同期として定義されているため、厳密に言えばコルーチンです。get 関数の2つのステップ —— 接続の確立とページの取得 —— は、それらの準備が整うまで呼び出し元に制御を譲る非同期処理として定義されています。このため、asyncio は別のコルーチンをいつでもスケジュールできます。このモジュールは、接続が確立されるか、ページを読み取る準備ができると、すぐにコルーチンの実行を再開します。8つのコルーチンが開始され、イベントループに同時に渡されます。それらを効率よくスケジュールするのは asyncio の役目です。

---

※訳注2
pip install aiohttp で aiohttp をインストールしておく必要がある。

asyncio モジュールは、非同期コードを記述してイベントループを活用するのに申し分のないフレームワークです。このモジュールはファイルやソケットなどをサポートしており、さまざまなプロトコルをサポートするためのサードパーティライブラリも揃っています。ぜひ気軽に試してみてください。

# 11.5　サービス指向アーキテクチャ

　Python のスケーリングの欠点をうまく回避するのは、そう簡単ではないように思えるかもしれません。一方で、Python は**サービス指向アーキテクチャ**（SOA）の実装に非常に適しています。SOA は、さまざまなコンポーネントが通信プロトコルを通じて一連のサービスを提供するソフトウェア設計の一種です。たとえば、OpenStack のコンポーネントはすべて SOA を使用しています。これらのコンポーネントは HTTP REST（REpresentational State Transfer）を使って外部クライアント（エンドユーザー）とやり取りし、AMQP（Advanced Message Queuing Protocol）に基づいて構築された、抽象化された RPC（Remote Procedure Call）メカニズムを使用しています。

　それぞれの開発状況において、それらのブロック間でどの通信チャネルを使用すればよいかは、主に誰と通信するのかによって決まります。

　サービスを外部に公開する場合 —— 特に REST スタイルのアーキテクチャといったステートレスな設計では、通信チャネルとして HTTP が推奨されています。この種のアーキテクチャを使用するほうが、サービスの実装、スケーリング、デプロイ、理解が容易になります。

　これに対し、API を内部で公開して使用するとしたら、HTTP は最善のプロトコルではないかもしれません。通信プロトコルは他にもいろいろあり、そのうちの1つでさえ完全に説明するとなるとそれだけで1冊の本になってしまいます。

　Python には、RPC システムを構築するためのライブラリが豊富に揃っています。興味深いのは Kombu[注2]であり、さまざまなバックエンドの上で RPC メカニズムを提供しています。主なバックエンドの1つは AMQP です。また、Redis、MongoDB、Beanstalk、Amazon SQS、CouchDB、ZooKeeper もサポートしています。

---

※注2
https://github.com/celery/kombu

　最終的には、こうした疎結合アーキテクチャを利用することで、パフォーマンスの大幅な改善という利益が間接的に得られます。各モジュールが API を公開することを考えると、やはりその API を公開できる複数のデーモンを実行すれば、複数のプロセス（ひいては CPU）にワークロードを処理させることが可能になります。たとえば Apache の httpd は、新しい接続を処理する新しいシステムプロセスを使って新しい worker を作成します。その後は、同じノード上で実行されている別の worker に接続をディスパッチすることもできます。そのために必要なのは、さまざまな worker に処理をディスパッチするシステムだけであり、それはこの API によって提供されます。各ブロックは異なる Python プロセスとなり、すでに見てきたように、ワークロードを分散させるには、マルチスレッディングよりもこのアプローチのほうが効果的です。このようにすると、各ノードで複数の worker を開始できるようになります。スレートレスなブロックが厳密には必要なかったとしても、その選択肢があるなら、それらを使用しない手はありません。

# 11.6　ZeroMQ によるプロセス間通信

　前節で述べたように、分散システムを構築する際には常にメッセージングバスが必要になります。メッセージを渡すには、プロセスが互いに通信する必要があります。**ZeroMQ**[注3] は並行処理フレームワークとして使用できるソケットライブラリです。リスト 11-5 のコードはリスト 11-1 で示したものと同じ worker を実装していますが、処理のディスパッチとプロセス間の通信の手段として ZeroMQ を使用します[訳注3]。

●リスト 11-5：ZeroMQ を使用するワーカー

```
import multiprocessing
import random
import zmq
```

※注3
https://zeromq.org/
※訳注3
pip install pyzmq で ZeroMQ をインストールしておく必要がある。

```
def compute():
    return sum([random.randint(1, 100) for i in range(1000000)])

def worker():
    context = zmq.Context()
    work_receiver = context.socket(zmq.PULL)
    work_receiver.connect("tcp://0.0.0.0:5555")
    result_sender = context.socket(zmq.PUSH)
    result_sender.connect("tcp://0.0.0.0:5556")
    poller = zmq.Poller()
    poller.register(work_receiver, zmq.POLLIN)

    while True:
        socks = dict(poller.poll())
        if socks.get(work_receiver) == zmq.POLLIN:
            obj = work_receiver.recv_pyobj()
            result_sender.send_pyobj(obj())

context = zmq.Context()

# 実行すべき処理を送信するためのチャネルを構築
```
**❶**
```
work_sender = context.socket(zmq.PUSH)
work_sender.bind("tcp://0.0.0.0:5555")

# 計算結果を受け取るためのチャネルを構築
```
**❷**
```
result_receiver = context.socket(zmq.PULL)
result_receiver.bind("tcp://0.0.0.0:5556")

# 8 つのワーカーを開始
processes = []
for x in range(8):
```
**❸**
```
    p = multiprocessing.Process(target=worker)
    p.start()
    processes.append(p)

# 8 つのジョブを送信
for x in range(8):
    work_sender.send_pyobj(compute)

# 8 つの結果を読み取る
results = []
for x in range(8):
```
**❹**
```
    results.append(result_receiver.recv_pyobj())
```

```
# すべての処理を終了
for p in processes:
    p.terminate()

print("Results: %s" % results)
```

　リスト 11-5 では、ソケットを 2 つ作成しています。work_sender は関数を送信するためのソケットであり（❶）、result_receiver はジョブを受け取るためのソケットです（❷）。multiprocessing. Process によって開始される worker はそれぞれ 2 つのソケットを作成し、それらをマスタープロセスに接続します（❸）。そして、送信されてきた関数を実行し、結果を返します。マスタープロセスは sender ソケットを通じて 8 つのジョブを送信し、receiver ソケットを通じて 8 つの結果が返されるのを待機します（❹）。

　このように、ZeroMQ を利用すれば、通信チャネルを簡単に構築できます。ここでは、これをネットワーク経由で実行できることを示すために TCP トランスポート層を使用しました。なお、ZeroMQ は Unix ソケットを使ってローカルレベルで動作する（ネットワーク層をいっさい通過しない）プロセス間通信チャネルもサポートしている点に注意してください。言うまでもなく、リスト 11-5 の ZeroMQ に基づく通信プロトコルは明確さを期して非常に単純なものとなっていますが、その上位層でより高度な通信層を構築できることは想像に難くありません。また、ZeroMQ や AMQP などのネットワークメッセージバスを使って完全な分散アプリケーション通信を構築できることも容易に想像できるでしょう。

　HTTP、ZeroMQ、AMQP といったプロトコルは言語に依存しません。このため、システムの各部分を実装するために、さまざまな言語やプラットフォームを使用できます。Python がよい言語であることは誰もが認めるところですが、チームによっては他の言語を優先するかもしれませんし、問題の特定の部分には別の言語を使用するほうが適しているかもしれません。

　結論から言うと、トランスポートバスを使ってアプリケーションをいくつかに分割するのはよい選択肢です。このようにすれば、1 台のコンピュータから数千台のコンピュータにまで分散させることができる同期 API と非同期 API の構築が可能になります。それによって特定の技術や言語に縛られることはないため、すべてを正しい方向に展開できます。

# 11.7 まとめ

　Pythonでは、原則として、I/O主体のワークロードにはスレッドのみを使用し、ワークロードの
CPU使用率が高くなった時点で複数のプロセスに切り替えます。ネットワークをまたいだ分散システ
ムを構築するなど、ワークロードをより広いスケールで分散させる場合は、外部ライブラリとプロト
コルが必要です。これらはPythonでサポートされていますが、外部から提供されます。

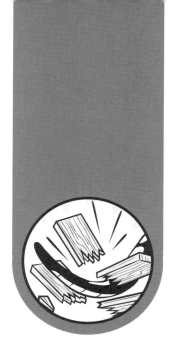

# 12

# 第12章 リレーショナルデータベースの管理

アプリケーションでは、何らかのデータを格納しなければならないことがほとんどです。開発者は、リレーショナルデーベース管理システム (RDBMS) を何らかの ORM (Object Relational Mapping) ツールと組み合わせて使用することがよくあります。RDBMS と ORM は一筋縄ではいかないことがあり、多くの開発者が苦手とするテーマですが、遅かれ早かれ対処しなければなりません。

# 12.1  RDBMS、ORM、それらを使用する状況

　RDBMS は、アプリケーションのリレーショナルデータを格納するデータベースです。開発者は、関係代数を処理するために SQL（Structured Query Language）などの言語を使用します。つまり、このような言語は、データの管理とデータ間の関係に対処するわけです。それらを組み合わせて使用すれば、データの格納はもちろん、特定の情報を取得するためのデータの検索についても、可能な限り効率よく行えるようになります。正規化の正しい使い方やさまざまな種類のシリアライズ可能性を含め、リレーショナルデータベースの構造をよく理解しておけば、多くの罠に陥らずに済むでしょう。言うまでもなく、そうしたテーマはそれだけで 1 冊の本になってもおかしくないものであり、1 つの章で完全に取り上げることはできません。ここでは、通常のプログラミング言語である SQL を使ったデータベースの操作に焦点を合わせることにします。

　RDBMS を操作するためにまったく新しいプログラミング言語を学ぶというのは、開発者にとって気の進まない話かもしれません。その場合、開発者は SQL クエリをまったく記述しないことにし、それらの作業をライブラリに任せる傾向にあります。ORM ライブラリは、プログラミング言語のエコシステムではごく一般的なものであり、Python も例外ではありません。

　ORM の目的は、クエリを作成するプロセスを抽象化することで、データベースシステムにアクセスしやすくすることにあります。SQL は ORM が生成してくれるため、開発者が行う必要はありません。しかし、残念なことに、この抽象化層のせいで、複雑なクエリの記述などの ORM が単にサポートしていない、より具体的なタスクや低レベルのタスクを実行できないことがあります。

　また、オブジェクト指向プログラムでの ORM の使用には、ある種の難しさがあります。それらは一般的な問題であるため、まとめて**オブジェクトリレーショナルインピーダンスミスマッチ**（object-relational impedance mismatch）として知られています。このインピーダンスミスマッチは、リレーショナルデータベースとオブジェクト指向プログラムのデータ表現が異なっていて、相互に正しくマッピングされないことに起因します。SQL テーブルを Python クラスにマッピングすれば、たとえ何をしようと、最善の結果は得られません。

　SQL と RDBMS を理解すれば、クエリを自分で記述できるようになり、何もかも抽象化層に頼る必要はなくなります。

　だからといって、ORM を完全に避けるべきだというわけではありません。ORM ライブラリはアプリケーションモデルのプロトタイプをすばやく作成するのに役立つことがあります。また、ライブラ

リの中には、スキーマのアップグレードやダウングレードといった便利なツールを提供するものもあります。ここで理解しておかなければならないのは、「ORM の使用は RDBMS を本当の意味で理解することの代わりにはならない」ということです。多くの開発者は、モデル API を使用する代わりに自分が選択した言語で問題を解決しようとします。そして、彼らが思い付くソリューションは、控えめに言っても、洗練されたものではありません。

　RDBMS を理解することがなぜよりよいコードを記述するのに役立つのかを具体的に示す例を見てみましょう。メッセージを管理するための SQL テーブルがあるとします。このテーブルには、メッセージ送信者の ID を表す id という列と、メッセージの内容を含んでいる content という列があります。id は主キーです。

```
CREATE TABLE message (
  id serial PRIMARY KEY,
  content text
);
```

　受け取ったメッセージが重複しているかどうかをチェックし、メッセージが重複している場合はデータベースに追加したくないとしましょう。典型的な開発者は、ORM を使ってリスト 12-1 のような SQL を記述するかもしれません。

---

※監訳注1
日本語の書籍としては、『これからはじめる SQL 入門』(池内 孝啓 著／技術評論社 刊／ ISBN978-4-7741-9687-9) などが参考になる。

●リスト 12-1：ORM を使ってメッセージの重複をチェックし、重複している場合はデータベースに
　　　　　　追加しない

```
if query.select(Message).filter(Message.id == some_id):
    # そのメッセージはすでに存在し、重複しているため、例外を送出
    raise DuplicateMessage(message)
else:
    # メッセージを挿入
    query.insert(message)
```

ほとんどの場合はこれでうまくいきますが、このコードには大きな欠点がいくつかあります。


- 重複の制約はSQL スキーマですでに表現されているため、コードが少し重複している。
  PRIMARY KEY を使用すると、id フィールドの一意性を暗黙的に定義することになる。
- そのメッセージがまだデータベースに存在しない場合、このコードはSQLクエリを2つ実行する。
  1つはSELECT 文であり、もう1つはそれに続く INSERT 文である。SQL クエリの実行には時間
  がかかることがあり、SQL サーバーとの通信が必要になることもあるため、クエリとは無関係
  な遅延が生じるかもしれない。
- select メソッドを呼び出してからinsert メソッドを呼び出すまでの間に他の誰かが重複する
  メッセージを挿入する可能性が考慮されていない。その場合、このプログラムは例外を送出す
  ることになる。この脆弱性は**競合状態**（race condition）と呼ばれる。


　このコードをもっとうまく記述する方法はありますが、そのためには RDBMS サーバーとの連携が
必要です。メッセージの存在をチェックしてから挿入するのではなく、メッセージをすぐに挿入し、
try...except ブロックを使って競合状態をキャッチします。


```
try:
    # メッセージを挿入
    message_table.insert(message)
except UniqueViolationError:
    # 重複
    raise DuplicateMessage(message)
```

このようにすると、メッセージを直接テーブルに挿入する操作が滞りなく処理されるのは、そのメッセージがまだ存在しない場合だけになります。メッセージがすでに存在する場合は、一意性制約に違反することを示す例外が ORM によって送出されます。この手法にはリスト 12-1 と同じ効果がありますが、より効率的で、競合状態が起きないような方法で実現されます。これは非常にシンプルなパターンであり、どの ORM ともまったくコンフリクトしません。問題は、開発者が SQL データベースをデータの整合性と一貫性を実現できるツールとして使用するのではなく、ダムストレージとして扱う傾向にあることです。結果として、SQL で記述された制約を、モデルではなくコントローラのコードで繰り返すことがあります。

　SQL バックエンドを効果的に利用するコツは、モデル API として扱うことです。RDBMS に格納されているデータを、その RDBMS の手続き型言語でプログラムされた単純な関数呼び出しを使って操作できます。

## 12.2　データベースバックエンド

　ORM は複数のデータベースバックエンドをサポートしています。RDBMS のすべての機能を完全に抽象化する ORM ライブラリは存在しません。コードは RDBMS の最も基本的な機能に合わせて単純化されることになるため、抽象化層を無効にしない限り、RDBMS の高度な機能を利用することは不可能になります。ORM を使用すると、SQL で標準化されていないタイムスタンプ処理のような単純なものですら、扱いに苦慮するようになります。RDBMS に依存しないコードでは、この傾向がさらに高まります。アプリケーションの RDBMS を選択するときには、このことを頭に入れておいてください。

　「2.3　外部ライブラリ」で説明したように、ORM ライブラリを切り離しておくと、潜在的な問題を緩和するのに役立ちます。このようにすると、ORM ライブラリを必要に応じて別のものと簡単に交換できるようになります。また、クエリが効率よく使用されていない場所を特定することで SQL の使用法を最適化できるようになり、ORM の定型コードのほとんどを回避できるようになります。

　たとえば、`myapp.storage` などのアプリケーションのモジュールで ORM を使用すれば、そうした分離を簡単に組み込めます。このモジュールでは、より抽象化されたレベルでデータを操作できる関数やメソッドだけをエクスポートし、このモジュールのみで ORM を使用するようにしています。同じ API をサポートするモジュールを投入すれば、`myapp.storage` をいつでも置き換えることが可能です。

　Pythonにおいて最もよく使用されている（そしてデファクトスタンダードである）ORMライブラリは、SQLAlchemy※注1です。このライブラリは多くのバックエンドをサポートしており、最も基本的な処理を抽象化しています。スキーマのアップグレードには、Alembic※注2などのサードパーティパッケージで対処できます。

　また、Django※注3など、ORMライブラリを独自に提供しているフレームワークもあります。フレームワークを使用することにした場合は、組み込みのライブラリを使用するのが賢明です。組み込みのライブラリのほうが、外部ライブラリよりもフレームワークとうまく統合できることが多いからです。

> 注意！　ほとんどのフレームワークのベースとなっているMVC（Module View Controller）アーキテクチャは誤って使用されがちです。これらのフレームワークはORMをモデルで直接実装しますが（あるいは、実装しやすくしますが）、十分な抽象化を行いません。つまり、ビューやコントローラにおいてモデルを使用するコードはすべて、ORMを直接使用することになります。このようなことは避ける必要があります。ORMライブラリで「構成される」データモデルを記述するのではなく、ORMライブラリを「含んでいる」データモデルを記述しなければなりません。そのようにすれば、テスト可能性と分離性が向上し、ORMを別のストレージ技術と置き換えるのがはるかに容易になります。

---

※注1
https://www.sqlalchemy.org/

※注2
https://pypi.org/project/alembic/

※注3
https://www.djangoproject.com/

# 12.3　Flask と PostgreSQL による データのストリーミング

ここでは、データストレージを使いこなすための参考として、**PostgreSQL** の高度な機能の1つを使って HTTP イベントのストリーミングシステムを構築する方法を見てみましょう。

## データストリーミングアプリケーションを作成する

リスト 12-2 に示すマイクロアプリケーションの目的は、SQL テーブルにメッセージを格納し、HTTP REST API を使ってそれらのメッセージにアクセスできるようにすることです。それぞれのメッセージは、チャネルの番号（channel）、送信元を表す文字列（source）、メッセージの内容を表す文字列（content）で構成されます。

●リスト 12-2：メッセージを格納するための SQL テーブルスキーマ

```
CREATE TABLE message (
  id SERIAL PRIMARY KEY,
  channel INTEGER NOT NULL,
  source TEXT NOT NULL,
  content TEXT NOT NULL
);
```

また、これらのメッセージをクライアントにストリーミングし、クライアントがそれらのメッセージをリアルタイムに処理できるようにしたいと思います。このタスクには、PostgreSQL の LISTEN 機能[注4] と NOTIFY 機能[注5] を使用することにします。これらの機能を利用すれば、PostgreSQL が指定された関数を実行することによって、送信されるメッセージをリッスンできるようになります。

---

※注4
https://www.postgresql.org/docs/12/sql-listen.html

※注5
https://www.postgresql.org/docs/12/sql-notify.html

```
❶  CREATE OR REPLACE FUNCTION notify_on_insert() RETURNS trigger AS $$
❷  BEGIN
     PERFORM pg_notify('channel_' || NEW.channel, CAST(row_to_json(NEW) AS TEXT));
     RETURN NULL;
   END;
   $$ LANGUAGE plpgsql;
```

　このコードは PL/pgSQL で書かれたトリガー関数を作成します。PL/pgSQL は PostgreSQL のみ
が理解できる言語です。PostgreSQL は PL/Python 言語を提供するために Python インタープリタを
組み込んでいるため、この関数を Python などの他の言語で記述したければそうすることもできます。
ここで実行する処理は 1 つだけで、しかも単純なので、Python を使用するまでもありません。この
ため、PL/pgSQL を使用するのが得策です。

　notify_on_insert 関数（❶）は、実際に通知を送信する pg_notify 関数（❷）を呼び出します。第 1
引数は**チャネル**を表す文字列であり、第 2 引数は実際の**ペイロード**を含んでいる文字列です。このチャ
ネルは、テーブル行の channel 列の値に基づいて動的に定義されます。この場合、ペイロードは行全
体を JSON フォーマットで表したものになります。もちろん、PostgreSQL には行を JSON に変換す
る機能が組み込まれています。

　次に、message テーブルで INSERT が実行されるたびに通知メッセージを送信したいので、そうし
たイベントが発生したら、この関数を呼び出す必要があります。

```
CREATE TRIGGER notify_on_message_insert AFTER INSERT ON message
FOR EACH ROW EXECUTE PROCEDURE notify_on_insert();
```

　これで関数が組み込まれ、message テーブルで INSERT が正常に実行されるたびに呼び出されるよ
うになります。
　psql を起動し、LISTEN を使ってうまくいくかどうかを確かめてみましょう。

```
$ psql
psql (12.1)
Type "help" for help.
```

```
mydatabase=# LISTEN channel_1;
LISTEN
mydatabase=# INSERT INTO message(channel, source, content)
mydatabase-# VALUES(1, 'jd', 'hello world');
INSERT 0 1
Asynchronous notification "channel_1" with payload
"{"id":1,"channel":1,"source":"jd","content":"hello world"}"
received from server process with PID 26393.
```

　新しい行が挿入されるとすぐに通知が送信され、PostgreSQL クライアントを通じて受け取ること
ができます。あとは、このイベントをストリーミングする Python アプリケーションを構築するだけ
です（リスト 12-3）※訳注1。

●リスト 12-3：イベント通知のリッスンと受信（listen.py）

```python
import psycopg2
import psycopg2.extensions
import select

conn = psycopg2.connect(database='<データベース名>', user='<ユーザー名>',
                        password='<パスワード>', host='localhost')

conn.set_isolation_level(psycopg2.extensions.ISOLATION_LEVEL_AUTOCOMMIT)

curs = conn.cursor()
curs.execute("LISTEN channel_1;")

while True:
    select.select([conn], [], [])
    conn.poll()
    while conn.notifies:
        notify = conn.notifies.pop()
        print("Got NOTIFY:", notify.pid, notify.channel, notify.payload)
```

---

※訳注1
pip install psycopg2 で psycopg2 をインストールしておく必要がある。

　リスト 12-3 のコードは、**psycopg2** ライブラリを使って PostgreSQL に接続します。**psycopg2** ライブラリは PostgreSQL ネットワークプロトコルを実装している Python モジュールです。このライブラリを利用すれば、PostgreSQL サーバーに接続して SQL リクエストを送信し、結果を受信できるようになります。抽象化層を提供する SQLAlchemy などのライブラリを使用することもできましたが、抽象化されたライブラリでは PostgreSQL の LISTEN 機能と NOTIFY 機能にはアクセスできません。SQLAlchemy などのライブラリを使用する場合でもデータベース接続を使ってコードを実行することは可能ですが、この例では ORM ライブラリが提供する他の機能を利用しないため、そのようにしても意味がないことに注意してください。

　このプログラムは channel_1 をリッスンし、通知が届いたらすぐにそれを画面上に出力します。このプログラムを実行し、message テーブルに新しい行を挿入すると、次のような出力が得られます。

```
$ python listen.py
Got NOTIFY: 28797 channel_1 {"id":2,"channel":1,"source":"jd","content":"hello world"}
```

　新しい行を挿入するとすぐに PostgreSQL がトリガー関数を実行し、通知を送信します。このプログラムは、通知を受け取るとペイロード（この場合は JSON にシリアライズされた行）を出力します。データを受信するための基本的な機能は、これで完成です。データベースにデータが挿入されたら、追加のリクエストや作業を行うことなく、そのデータを受け取ることができます。

## Flask を使ってアプリケーションを作成する

　次に、シンプルな HTTP マイクロフレームワークである **Flask**[注6] を使ってアプリケーションを構築してみましょう。ここでは、HTML5 で定義されている **Server-Sent Events** メッセージプロトコル[注7] を使って insert のストリーミングを行う HTTP サーバーを構築します。あるいは、HTTP/1.1 で定義されている **Chunked Transfer Coding**[注8] を使用することもできます。

---

※注 6
https://palletsprojects.com/p/flask/

※注 7
https://www.w3.org/TR/eventsource/

※注 8
https://tools.ietf.org/html/rfc7230#section-4.1

```python
import flask
import psycopg2
import psycopg2.extensions
import select


app = flask.Flask(__name__)


def stream_messages(channel):
    conn = psycopg2.connect(database='< データベース名 >', user='< ユーザー名 >',
                            password='< パスワード >', host='localhost')
    conn.set_isolation_level(psycopg2.extensions.ISOLATION_LEVEL_AUTOCOMMIT)

    curs = conn.cursor()
    curs.execute("LISTEN channel_%d;" % int(channel))

    while True:
        select.select([conn], [], [])
        conn.poll()
        while conn.notifies:
            notify = conn.notifies.pop()
            yield "data: " + notify.payload + "\n\n"


@app.route("/message/<channel>", methods=['GET'])
def get_messages(channel):
    return flask.Response(stream_messages(channel), mimetype='text/event-stream')


if __name__ == "__main__":
    app.run()
```

　このアプリケーションはとても単純で、ストリーミングはサポートするものの、他のデータ取得操作はサポートしません。ここでは、HTTP の `GET /message/<チャネル ID>` リクエストをストリーミングコードに転送するために Flask を使用します。このコードが呼び出されると、アプリケーションがすぐに MIME タイプ `text/event-stream` のレスポンスを生成し、文字列の代わりにジェネレータ関数を返します。この関数は Flask によって呼び出され、ジェネレータが何かを生成するたびに、その結果が送信されます。

　ジェネレータである `stream_messages` 関数では、PostgreSQL の通知をリッスンするために記述し

たコードを再利用しています。この関数は引数としてチャネルの ID を受け取り、そのチャネルをリッスンし、ペイロードを生成します。トリガー関数で PostgreSQL の JSON エンコーディング関数を使用したことを思い出してください。つまり、すでに PostgreSQL から JSON データを受け取っているわけです。JSON データは HTTP クライアントに問題なく送信できるため、データを変換する必要はありません。

> **NOTE**　話を単純にするために、このサンプルアプリケーションは 1 つのファイルにまとめられています。現実のアプリケーションでは、ストレージ処理の実装を別の Python モジュールにまとめることになるでしょう。

さっそく HTTP サーバーを実行してみましょう[訳注2]。

```
$ python listen+http.py
 * Serving Flask app "listen+http" (lazy loading)
...
 * Running on http://127.0.0.1:5000/ (Press CTRL+C to quit)
```

　2 つ目のターミナルを開いて HTTP サーバーに接続し、イベントが生成されたら、それらを受け取ることができます。接続した時点ではデータは返されず、接続は開いたままの状態になります。

```
$ curl -v http://127.0.0.1:5000/message/1
*   Trying 127.0.0.1...
...
* Connected to 127.0.0.1 (127.0.0.1) port 5000 (#0)
> GET /message/1 HTTP/1.1
> Host: 127.0.0.1:5000
> User-Agent: curl/7.54.0
> Accept: */*
>
```

※訳注2
pip install flask で flask をインストールしておく必要がある。なお、ここでは + を含んだファイル名になっているが、実際には避けるべきである。

しかし、message テーブルに新しい行を挿入すると、curl を実行しているターミナルにすぐにデータが送信されてくることがわかります。3つ目のターミナルでデータベースにメッセージを挿入してみましょう。

```
mydatabase=# INSERT INTO message(channel, source, content)
mydatabase-# VALUES(1, 'jd', 'hello world');
INSERT 0 1
...
mydatabase=# INSERT INTO message(channel, source, content)
mydatabase-# VALUES(1, 'jd', 'it works');
INSERT 0 1
...
```

そうすると、2つ目のターミナルに次のようなデータが出力されます。

```
data: {"id":3,"channel":1,"source":"jd","content":"hello world"}

data: {"id":4,"channel":1,"source":"jd","content":"it works"}
```

このデータは curl を実行しているターミナルに出力されます。次のメッセージを待つ間、curl は HTTP サーバーに接続されたままです。この例では、ポーリングをいっさい行わずにストリーミングサービスを作成し、ある地点から別の地点に情報がシームレスに流れる、完全に**プッシュベース**のシステムを構築しました。

このアプリケーションのもっと単純で、より移植性が高いと思われる実装では、代わりに SELECT 文を繰り返し実行し、テーブルに挿入された新しいデータをポーリングすることになるでしょう。この方法は、ここで示したようなパブリッシュ／サブスクライブパターンをサポートしない他のストレージシステムでうまくいくはずです。

# 12.4　Dimitri Fontaine、データベースについて語る

　Dimitri Fontaine は、PostgreSQL のメジャーコントリビューターとして活躍しています。Dimitri は Citus Data に在籍しており、`pgsql-hackers` メーリングリストで他のデータベースグルと議論を繰り広げています。本書では、さまざまなオープンソースプロジェクトを取り上げきましたが、データベースを扱うときに何をすべきかという質問に Dimitri が答えてくれました。

**RDBMS が提供する主なサービスは何でしょうか？**
　RDBMS は、1970 年代に当時のアプリケーション開発者全員を悩ませていた共通の問題を解決するために考案されたものです。RDBMS によって実装される主なサービスは、単なるデータストレージではありませんでした。
　RDBMS によって実際に提供される主なサービスは、次の 2 つです。

- **並行性**
  必要な数の同時実行スレッドを使ってデータの読み取りや書き出しを行うためにデータにアクセスします。RDBMS は、それを正しく処理するためのものです。これこそが RDBMS に望まれる主な機能です。

- **並行性セマンティクス**
  RDBMS を使用するときの並行処理の詳細は、不可分性と分離性に関する大まかな仕様によって提案されます。不可分性（atomicity）と分離性（isolation）は、ACID（Atomicity, Consistency, Isolation, Durability）の最も重要な部分とも言えます。**不可分性**は、トランザクションを開始（BEGIN）してから終了（COMMIT または ROLLBACK）するまでの間の特性であり、システム上で同時に実行されている他のアクティビティからは、あなたが何をしているのかを（それが何であれ）知り得ないことを意味します。適切な RDBMS を使用していれば、CREATE TABLE や ALTER TABLE といったデータ定義言語（DDL）も対象となります。**分離性**に関しては、あなたが開始したトランザクションの中で、そのシステム上で同時に実行されているアクティビティについて何を知り得るかということに尽きます。

SQL 規格には4つの分離レベルが定義されており、PostgreSQL のドキュメント[注9]で解説されています。

RDBMS は、あなたのデータに対して全責任を負います。このため、一貫性（consistency）に関するルールは開発者が独自に定めることができます。そうすると、RDBMS が制約の遅延の宣言に応じて、トランザクションのコミットや文の境界といった重要な局面でそうしたルールが有効であることをチェックします。

データに適用できる最初の制約は、データに期待される入力フォーマットと出力フォーマットを適切なデータ型を使って指定することです。RDBMS は、テキスト、数値、日付の他にもさまざまなデータに対応し、現在使用されているカレンダーに実際に登場する日付を正しく処理します。

ただし、データ型は入力フォーマットや出力フォーマットのことだけではありません。基本的な同等性テストがデータ型によって異なるというのは誰もが想定することですが、それと同じように、データ型は振る舞いとある程度のポリモーフィズム（多相性）も実装します。私たちは、テキストと数値、日付と IP アドレス、配列と範囲を同じ方法では比較しません。

データを保護するということは、RDBMS にとって、一貫性のルールと合致しないデータは積極的に拒否するしかないということでもあります。1つ目のルールは、あなたが選択したデータ型です。カレンダーに決して存在しない 0000-00-00 のような日付に対処しなければならなくても問題はないと考えているなら、考えを改める必要があります。

一貫性によって保証されるもう1つの部分は、CHECK 制約、NOT NULL 制約、制約トリガーに見られるように、制約に基づいて表現されます。そのうちの1つは、外部キーとして知られています。それらは、すべてデータ型の定義や振る舞いに対するユーザーレベルの拡張と見なすことができます。主な違いは、そうした制約のチェックを各文の終わりから現在のトランザクションの終わりに先送り（DEFER）できることです。

RDBMS の「リレーショナル」部分は、あなたのデータをモデル化し、リレーションに含まれるすべてのタプルが同じルール（構造と制約）を共有することを保証するためにあります。このことを徹底すると、データを処理するにあたって明確に定義された正しいスキーマを使用せざるを得なくなります。

データを適切なスキーマで操作することを**正規化**（normalization）と呼びます。設計の際には、それぞれわずかに異なるさまざまな正規形を目標にできます。ただし、正規化プロセスの結果

---

※注9
https://www.postgresql.org/docs/12/transaction-iso.html

として得られる柔軟性が十分ではないこともあります。一般的には、まずデータスキーマを正規化し、その上で、柔軟性を確保するために調整を行います。実際には、それ以上の柔軟性が必要になることはないでしょう。

どうしても柔軟性がもっと必要であるという場合は、PostgreSQL を使用して、複合型、レコード、配列、H-Store、JSON、XML など、さまざまな非正規化オプションを試してみるとよいでしょう。しかし、非正規化には非常に重要な欠点があります。次にお話しするクエリ言語が、ある程度正規化されたデータを扱うことを前提として設計されているということです。もちろん、PostgreSQL では、複合型、配列、H-Store、さらには（最近のリリースでは）JSON を使用するときに、非正規化をできるだけサポートするようにクエリ言語が拡張されています。

RDBMS はデータをよく理解しており、非常に詳細なセキュリティモデルの実装が必要になったときに役立つことがあります。アクセスパターンはリレーションレベルと列レベルで管理されます。また、PostgreSQL では SECURITY DEFINER ストアドプロシージャも実装されており、SUID（Saved User ID）プログラムを使用するときとほぼ同じように、機密データへのアクセスをかなり厳重に制御できます。

RDBMS では、SQL を使ってデータにアクセスできます。SQL は 1980 年代にデファクトスタンダードとなり、現在では委員会によって管理されています。PostgreSQL の場合は多くの拡張が追加されており、メジャーリリースのたびに非常に高機能な DSL（Domain-Specific Language）が提供されています。クエリの実行プランと最適化はすべて RDBMS によって自動的に処理されるため、開発者はデータからどのような結果を取得したいかを定義する宣言型のクエリに専念できます。

そして、NoSQL が提供する機能を注視する必要があるのは、そのためでもあります。そうした時流に乗った製品のほとんどは、SQL のみならず、これまであって当然とされてきた基礎的な要素の多くを取り去っています。

**ストレージバックエンドとして RDBMS を使用している開発者に何かアドバイスはありますか？**

私からのアドバイスは、**ストレージバックエンド**と RDBMS の違いを理解しておくことです。これらはまったく異なるサービスであり、ストレージバックエンドが必要なだけであれば、RDBMS 以外のものを検討したほうがよいでしょう。

とはいえ、ほとんどの場合は、本格的な RDBMS がどうしても必要になります。その場合の最善の選択肢は PostgreSQL です。PostgreSQL のドキュメント[※注10]を読み、PostgreSQL が提供

---

※注 10
https://www.postgresql.org/docs/

しているデータ型、演算子、関数、機能、拡張のリストを確認してください。そして、さまざまなブログ記事で紹介されている使用例を調べてください。

その後は、PostgreSQL を開発時に利用できるツールと位置付け、アプリケーションのアーキテクチャに組み込むことができます。アプリケーションで実装しなければならないサービスの中には、RDBMS 層で提供するのが最適なものがあります。PostgreSQL は実装全体の信頼に足る部分として申し分ありません。

**ORM を使用する、あるいは使用しない方法が最もうまくいくのは何でしょうか？**

ORM が最もうまくいくのは、CRUD（Create, Read, Update, Delete）アプリケーションで使用する場合です。読み取り部分は、1 つのテーブルに対する非常に単純な SELECT 文に限定すべきです。必要以上に列を取得すると、クエリのパフォーマンスやリソースの使用量に大きな影響を与えてしまいます。

RDBMS から列を取り出すだけ取り出して使用せずに終わるというのは単なる貴重なリソースの無駄遣いであり、スケーラビリティを低下させる一番の原因です。ORM が要求されたデータだけを取り出せるとしても、それぞれの状況で必要な列だけをどうにかして管理しなければならないことは依然として変わりません。フィールドのリストを自動的に計算してくれる単純な抽象メソッドを呼び出せば済むという話ではないのです。

作成／更新／削除クエリは、単純な INSERT、UPDATE、DELETE 文です。多くの RDBMS では、INSERT の後にデータを返すといった最適化が提供されますが、それらは ORM によって活用されません。

さらに、一般的な状況では、リレーションはテーブルかクエリの結果のどちらかです。ORM を使用する場合は、定義済みのテーブルとモデルクラス、あるいはその他のヘルパースタブとの間で、リレーショナルマッピングを構築するのが一般的です。

SQL のセマンティクス全体の普遍性を考えると、リレーショナルマッパーは実際にすべてのクエリをクラスにマッピングできるものでなければなりません。そしておそらく、開発者は実行したいクエリごとに新しいクラスを作成する必要があるでしょう。

要するに、関心の対象となるデータの集まりを正確に解決するのに十分な情報を提供できなかったとしても、効率的な SQL クエリを記述することにかけては、あなたよりも ORM のほうが上手であることは間違いありません。

確かに、SQL はかなり複雑なものになることがありますが、あなたが制御できない API-to-SQL ジェネレータを使用したからといって単純になるわけではないのです。

ただし、コードベースで ORM を使用している部分を後から編集する必要が生じるかもしれな

いという点に関して妥協の余地があるなら、肩の力を抜いて、ORM を利用できるケースが 2 つあります。

- **TTM (Time to Market)**
  市場シェアをできるだけ早急に獲得したい場合の唯一の方法は、アプリケーションとアイデアの最初のバージョンをリリースすることです。チームが SQL クエリを手書きするよりも ORM を使用するほうが得意な場合は、もちろんそうすべきです。ただし、アプリケーションが軌道に乗ったら、ORM によって生成されたひどいクエリに起因するスケーラビリティの問題を真っ先に解決しなければならないということを認識しておく必要があります。また、ORM を使用したことが裏目に出て、コードの設計上の判断を誤ることになるかもしれません。ただし、アプリケーションが成功すれば、リファクタリングに投資し、ORM への依存性を取り除くことなど、何ということはないでしょう。

- **CRUD アプリケーション**
  これは（概念ではなく）実際のものです。基本的なシステム管理アプリケーションインターフェイスのように、タプルを 1 つずつ編集するだけで、パフォーマンスにはあまり配慮しません。

**Python を使用するときに他のデータベースではなく PostgreSQL を使用するメリットは何でしょうか？**

私が開発者として PostgreSQL を選択する主な理由は、次のとおりです。

- **コミュニティのサポート**
  PostgreSQL のコミュニティは巨大で、新しいユーザーに対して好意的であり、一般に、考え得る最善の答えを提供するために誰もが時間を割いてくれます。メーリングリストは、このコミュニティとやり取りする最善の手段です。

- **データの整合性と永続性**
  PostgreSQL に送信するどのデータについても、その定義と、後から再び取り出せることについては信頼できます。

- **データ型、関数、演算子、配列、範囲**
  PostgreSQL には、さまざまな演算子や関数を備えたデータ型がひととおり揃っています。配列や JSON データ型を使った非正規化も可能であり、それらに対しても結合などの高度なクエリを記述できます。

- **プランナとオプティマイザ**

  これらがいかに複雑で強力であるかを、時間をかけて理解する価値があります。

- **トランザクション対応のDDL**

  PostgreSQLでは、ほぼすべてのコマンドをロールバック（ROLLBACK）できます。ここで実際に試してみてください。既存のデータベースに対してpsqlシェルを開き、BEGIN; DROP TABLE foo; ROLLBACK;と入力するだけです。fooはローカルインスタンスに存在するテーブルの名前に置き換えてください。どうです、驚いたでしょう。

- **PL/Python（そしてC、SQL、Javascript、Luaなど）**

  データが格納されているサーバー上でPythonコードを実行できます。このため、次のレベルのJOINを実行するためにデータを処理してクエリで送り返す必要はなく、そのためにわざわざネットワーク経由でデータを取得する必要はありません。

- **インデックス（GiST、GIN、SP-GiST、部分インデックス、関数インデックス）**

  PostgreSQL内のデータを処理するPython関数を作成し、その関数呼び出しの結果にインデックスを付けることができます。WHERE句を使ってその関数を呼び出すクエリを実行すると、そのクエリからのデータで関数が1回だけ呼び出され、そのインデックスの内容と直接照合されます。

# 13

## 第13章　コーディングを減らしてコードを増やす

最後の章では、よりよいコードを書くために筆者が使用しているPythonの高度な機能を取り上げます。これらの機能は、Pythonの標準ライブラリに限定されません。ここでは、コードをPython 2とPython 3の両方に対応させる方法、Lispライクなメソッドディスパッチャを作成する方法、コンテキストマネージャを使用する方法、そしてattrsモジュールを使ってクラスの定型コードを作成する方法について見ていきます。

# 13.1　six を使って Python 2 と Python 3 をサポートする

　おそらく知っていると思いますが、Python 3 には Python 2 との互換性がなく、方向性がこれまでとは変わっています。ただし、言語の基本的な部分はどちらのバージョンでも変わらないため、前方互換性と後方互換性を確保することで、Python 2 と Python 3 の懸け橋を築くことができます。

　運のよいことに、このモジュールはすでに存在しています。名前は six[※注1]で、2 × 3 = 6 に由来しています。

　six モジュールには、Python 3 を実行しているかどうかを示す six.PY3 という便利なブール変数があります。この変数は、Python 2 用と Python 3 用の 2 つのバージョンに分かれているコードベースの回転軸となる変数です。ただし、この変数を使い過ぎないように注意してください。コードベースのあちこちに if six.PY3 があると、コードを読んで理解するのが難しくなってしまいます。

　「8.2　ジェネレータ」でジェネレータについて説明したときには、map や filter などのさまざまな組み込み関数がリストの代わりにイテラブルオブジェクトを返すという Python 3 のすばらしい特性を確認しました。このため、Python 3 では、dict.items などのメソッドがリストではなくイテレータを返すようになっており、Python 2 において dict.items メソッドのイテラブルバージョンだった dict.iteritems などのメソッドはなくなっています。このようなメソッドとその戻り値における変更が原因で、Python 2 のコードが正しく動作しなくなる可能性があります。

　six モジュールには、そうしたケースに対する six.iteritems 関数が用意されています。この関数を使用すれば、次のような Python 2 のコードを置き換えることが可能です。

```
for k, v in mydict.iteritems():
    print(k, v)
```

　six モジュールを使って mydict.iteritems メソッドを Python 2/Python 3 互換のコードに置き換える方法は、次のようになります[※訳注1]。

---

※注1
https://six.readthedocs.io/
※訳注1
pip install six で six をインストールしておく必要がある。

```
import six

for k, v in six.iteritems(mydict):
    print(k, v)
```

どうでしょう。これで Python 2 と Python 3 の両方に準拠するようになりました。six.iteritems 関数は、使用している Python のバージョンに応じて dict.iteritems または dict.items メソッドを使ってジェネレータを返します。six モジュールには、同じようなヘルパー関数がいろいろ含まれており、Python の複数のバージョンを簡単にサポートできるようになっています。

raise キーワードは、Python 2 と Python 3 とで構文が異なります。このキーワードに対する six ソリューションの例も見てみましょう。Python 2 の raise には複数の引数を渡すことができますが、Python 3 の raise は唯一の引数として例外を受け取るだけです。Python 3 で複数の引数を持つ raise 文を記述すると、SyntaxError になります。

six モジュールは、この問題に six.reraise 関数で対処します。この関数を使用すれば、Python のどちらのバージョンが使用されているかに応じて例外を再送出できます。

## 文字列と Unicode

Python 3 では、高度なエンコーディングに対処する能力が強化され、Python 2 の str と Unicoce の問題が解決されています。Python 2 の基本的な文字列型は str であり、基本的な ASCII 文字列にしか対処できません。実際のテキスト文字列に対処するには、Python 2.0 以降で unicode 型を使用します。

Python 3 の基本的な文字列型も str ですが、Python 2 の unicode クラスと同じ特性を共有しており、高度なエンコーディングに対処できます。基本的な文字ストリームの処理には、str 型の代わりに bytes 型を使用します。

six モジュールには、この移行に対処するための six.u や six.string_types などの関数や定数が含まれています。整数についても同じ互換性が提供されており、six.integer_types は Python 3 から削除された long 型に対処します。

## Python モジュールの移動に対処する

　Python の標準ライブラリでは、Python 2 と Python 3 の間で一部のモジュールが移動されたり、名前が変更されたりしています。six モジュールには、こうした移動の多くに透過的に対処する six.moves というモジュールが含まれています。

　たとえば、Python 2 の ConfigParser モジュールは、Python 3 で configparser という名前に変更されています。six.moves モジュールを使ってコードを移植し、Python 2 と Python 3 の両方に対応させる方法はリスト 13-1 のようになります。

●リスト 13-1：six.moves を使って Python 2 と Python 3 で ConfigParser を使用する

```
from six.moves.configparser import ConfigParser

conf = ConfigParser()
```

　また、six.add_move 関数を使って新たなアイテムを追加すれば、six.moves モジュールが組み込みで対処しないコードの移行にも対処できます。

　six モジュールをもってしてもすべてのユースケースをカバーできない場合は、six 自体をカプセル化する互換モジュールを構築するとよいかもしれません。このようにすれば、Python の将来のバージョンに合わせてモジュールを拡張したり、Python の特定バージョンのサポートをやめたい場合にそのバージョン（の一部）を除外したりできます。なお、six はオープンソースなので、six のコントリビューターになればハックを独自に管理する必要がなくなることを覚えておいてください。

## modernize モジュール

　最後に、modernize というモジュールがあります。このモジュールは単に Python 2 の構文を Python 3 の構文に変換するのではなく、コードを Python 3 に移植することによって「近代化」します。これにより、Python 2 と Python 3 の両方がサポートされます。単調で手間のかかる作業のほとんどが自動的に処理され、移植に向けて力強いスタートを切れる点で、標準の 2to3 ツールよりもよい選択肢と言えます。

# 13.2　Python を Lisp のように使って シングルディスパッチャを作成する

　筆者の口癖は「Python は Lisp プログラミング言語のよいところを凝縮したもの」であり、それはますます現実味を帯びてきていると感じています。このことは、CLOS（Common Lisp Object System）と同じような方法でジェネリック関数をディスパッチする方法を定義している PEP 443[注2]によって裏付けられています。

　Lisp に詳しい読者にとって、これは目新しいことではないでしょう。Lisp オブジェクトシステムは Common Lisp の基本コンポーネントの 1 つであり、メソッドのディスパッチを定義して処理するための単純で効率のよい手段を提供します。まず、Lisp でのジェネリックメソッドの仕組みから見てみましょう。

## Lisp でジェネリックメソッドを作成する

　手始めに、親クラスや属性を持たない非常に単純なクラスを Lisp で定義してみましょう。

```
(defclass snare-drum ()
  ())

(defclass cymbal ()
  ())

(defclass stick ()
  ())

(defclass brushes ()
  ())
```

※注2
https://www.python.org/dev/peps/pep-0443/

　これにより、親クラスや属性をいっさい持たない snare-drum、cymbal、stick、brushes という4つのクラスが定義されます。これらのクラスはドラムセットの構成要素であり、これらを組み合わせて音を鳴らすことができます。そこで、次に play メソッドを定義します。このメソッドは引数を2つ受け取り、音を文字列で返します。

```
(defgeneric play (instrument accessory)
  (:documentation "Play sound with instrument and accessory."))
```

　ここで定義しているジェネリックメソッドはどのクラスとも結び付いていないため、まだ呼び出すことはできません。この段階では、メソッドがジェネリックで、instrument と accessory の2つの引数で呼び出される可能性があることをオブジェクトシステムに伝えているだけです。次に、スネアドラムをシミュレートするメソッドを実装してみましょう（リスト 13-2）。

●リスト 13-2：クラスから独立したジェネリックメソッドを定義する

```
(defmethod play ((instrument snare-drum) (accessory stick))
  "POC!")

(defmethod play ((instrument snare-drum) (accessory brushes))
  "SHHHH!")

(defmethod play ((instrument cymbal) (accessory brushes))
  "FRCCCHHT!")
```

　ここでは具体的なメソッドを定義しています。メソッドは、それぞれ2つの引数をとります。instrument 引数の値は snare-drum または cymbal のインスタンスであり、accessory 引数の値は stick または brushes のインスタンスです。

　この時点で、このシステムと Python の（または同様の）オブジェクトシステムの1つ目の大きな違いが見えてくるはずです。これらのメソッドは特定のクラスと結び付いていません。これらのメソッドは**ジェネリック**であり、どのクラスでも実装できます。

　実際に試してみましょう。play メソッドは先ほど定義したオブジェクトで呼び出せます。

```
* (play (make-instance 'snare-drum) (make-instance 'stick))
"POC!"

* (play (make-instance 'snare-drum) (make-instance 'brushes))
"SHHHH!"
```

　このように、どの関数が呼び出されるかは引数のクラスによって決まります。つまり、オブジェクトシステムは渡された引数の型に基づいて呼び出しを正しい関数に**ディスパッチ**します。play メソッドの引数として定義されていないクラスのインスタンスでこのメソッドを呼び出した場合は、エラーになります。

　リスト 13-3 では、cymbal インスタンスと stick インスタンスを使って play メソッドを呼び出しています。ただし、それらの引数に対する play メソッドは定義されていないため、エラーになっています。

●リスト 13-3：無効なシグネチャでメソッドを呼び出す

```
* (play (make-instance 'cymbal) (make-instance 'stick))

debugger invoked on a SB-PCL::NO-APPLICABLE-METHOD-ERROR in thread
#<THREAD "main thread" RUNNING {1002ADAF23}>:
  There is no applicable method for the generic function
    #<STANDARD-GENERIC-FUNCTION COMMON-LISP-USER::PLAY (3)>
  when called with arguments
    (#<CYMBAL {1002B801D3}> #<STICK {1002B82763}>).
See also:
  The ANSI Standard, Section 7.6.6

Type HELP for debugger help, or (SB-EXT:EXIT) to exit from SBCL.

restarts (invokable by number or by possibly abbreviated name):
  0: [RETRY] Retry calling the generic function.
  1: [ABORT] Exit debugger, returning to top level.

((:METHOD NO-APPLICABLE-METHOD (T)) #<STANDARD-GENERIC-FUNCTION COMMON-LISP-USER::PLAY (3)>
#<CYMBAL {1002B801D3}> #<STICK {1002B82763}>) [fast-method]
```

CLOS は、クラスを使用する代わりに、メソッドの継承やオブジェクトベースのディスパッチといった機能も提供します。CLOS が提供しているさまざまな機能に興味がある場合は、ぜひ Jeff Dalton の「A Brief Guide to CLOS」[注3] から始めてみてください。

## Python でジェネリックメソッドを作成する

Python では、このワークフローのより単純なバージョンが singledispatch 関数で実装されています。この関数は Python 3.4 以降の functools モジュールに含まれています。Python 2.6 ～ 3.3 では、PyPI で提供されています。Python 2.6 ～ 3.3 で試してみたい場合は、pip install singledispatch でインストールしてください。

リスト 13-4 のコードは、リスト 13-2 で作成した Lisp プログラムにほぼ相当します。

● リスト 13-4：singledispatch を使ってメソッド呼び出しをディスパッチする

```
import functools

class SnareDrum(object): pass
class Cymbal(object): pass
class Stick(object): pass
class Brushes(object): pass

@functools.singledispatch
def play(instrument, accessory):
    raise NotImplementedError("Cannot play these")

@play.register(SnareDrum)
def _(instrument, accessory):
    if isinstance(accessory, Stick):
        return "POC!"
    if isinstance(accessory, Brushes):
        return "SHHHH!"
    raise NotImplementedError("Cannot play these")

@play.register(Cymbal)
def _(instrument, accessory):
```

❶

---

※注3
http://www.algo.be/cl/documents/clos-guide.html

```
    if isinstance(accessory, Brushes):
        return "FRCCCHHT!"
raise NotImplementedError("Cannot play these")
```

リスト13-4のコードは、同じ4つのクラスと、ベースとなるplay関数を定義しています。この関数は、デフォルトでは何をすればよいかがわからないことを知らせるためにNotImplementedErrorを送出します。

続いて、特定の楽器（SnareDrum）に対するplay関数の特別バージョンが定義されています（❶）。この関数は、どのタイプのドラムアクセサリが渡されたのかをチェックし、適切な音を返します。ドラムアクセサリを認識できない場合は、NotImplementedErrorを送出します。

このプログラムを実行すると、次のようになります。

```
>>> play(SnareDrum(), Stick())
'POC!'
>>> play(SnareDrum(), Brushes())
'SHHHH!'
>>> play(Cymbal(), Stick())
Traceback (most recent call last):
  ...
NotImplementedError: Cannot play these
>>> play(SnareDrum(), Cymbal())
Traceback (most recent call last):
  ...
NotImplementedError: Cannot play these
```

singledispatchは、1つ目の引数のクラスを調べて、play関数の適切なバージョンを呼び出します。objectクラスの場合は、この関数の最初に定義されたバージョンが常に呼び出されます。このため、1つ目の引数として渡された楽器が登録されていないクラスのインスタンスである場合は、この最初のバージョンが呼び出されます。

Lispバージョンのコードで確認したように、CLOSは多重ディスパッチャを提供します。多重ディスパッチャは、メソッドプロトタイプで定義された最初の引数のみならず、「任意の引数」の型に基づいてディスパッチできます。Pythonディスパッチャのsingledispatchという名前には、もっともな理由があります。最初の引数に基づいてディスパッチする方法しか知らないからです。

それに加えて、singledispatch には親関数を直接呼び出す手段がありません。Python の super 関数に相当するものがないからです。この制限を回避するには、さまざまな手を尽くす必要があるでしょう。

Python のオブジェクトシステムとディスパッチメカニズムは改善の途上にありますが、CLOS が標準装備しているような、より高度な機能の多くがまだ欠けています。このため、singledispatch が実際に使用されているのを目にすることは減多にありません。とはいえ、いずれそうしたメカニズムを実装することになるかもしれないので、その存在を知っておいて損はありません。

# 13.3　コンテキストマネージャ

Python 2.6 で導入された with 文は、古くからの Lisp ユーザーに Lisp 言語でよく使用されていたさまざまな with-\* マクロを思い出させることでしょう。Python は、**コンテキスト管理プロトコル**（context management protocol）を実装しているオブジェクトに基づいて、同じような見た目のメカニズムを提供しています。

コンテキスト管理プロトコルを使用したことのない読者のために、その仕組みを説明しておきましょう。with 文に含まれるコードブロックは、2 つの関数呼び出しで囲まれます。それらの 2 つの呼び出しは、with 文で使用されるオブジェクトによって決まります。それらのオブジェクトは「コンテキスト管理プロトコルを実装している」と見なされます。

open 関数によって返されるようなオブジェクトは、このプロトコルをサポートしています。このため、次のようなコードを記述できます。

```
with open("myfile", "r") as f:
    line = f.readline()
```

open 関数によって返されるオブジェクトには、\_\_enter\_\_ と \_\_exit\_\_ の 2 つのメソッドが定義されています。これらのメソッドは with ブロックの初めと終わりにそれぞれ呼び出されます。

コンテキストオブジェクトの単純な実装は、リスト 13-5 のようになります。

```
class MyContext(object):
    def __enter__(self):
        pass

    def __exit__(self, exc_type, exc_value, traceback):
        pass
```

　この実装は何もしませんが、有効な実装であり、コンテキスト管理プロトコルをサポートするクラスを提供するにあたって定義されていなければならないメソッドのシグネチャを示しています。

　コンテキスト管理プロトコルを使用するのに適しているのは、コードで次のようなパターンが見られるときかもしれません。この場合は、メソッドBの呼び出しが「常に」メソッドAの呼び出しの後に実行されなければならないことが期待されます。

1. メソッドAを呼び出す。
2. コードを実行する。
3. メソッドBを呼び出す。

　このパターンをよく表しているのが open 関数です。ファイルを開いてファイルデスクリプタを内部で割り当てるコンストラクタは、メソッドAに相当します。ファイルデスクリプタを解放する close 関数は、メソッドBに相当します。当然ながら、close 関数は常にファイルオブジェクトをインスタンス化した「後」に呼び出されることになります。

　このプロトコルを手動で実装するのは何かと面倒なので、この実装を容易にする contextmanager デコレータが標準ライブラリの contextlib モジュールに含まれています。contextmanager デコレータはジェネレータ関数で使用することになっています。__enter__ メソッドと __exit__ メソッドは、ジェネレータの yield 文を囲んでいるコードに基づいて動的に実装されます。

　リスト 13-6 では、MyContext がコンテキストマネージャとして定義されています。

●リスト 13-6：contextlib.contextmanager を使用する

```python
import contextlib

@contextlib.contextmanager
def MyContext():
    print("do something first")
    yield
    print("do something else")

with MyContext():
    print("hello world")
```

yield 文の前のコードは、with 文の本体が実行される前に実行されます。yield 文の後のコードは、with 文の本体が終了した後に実行されます。このプログラムを実行すると、次のような出力が生成されます。

```
do something first
hello world
do something else
```

ただし、ここで対処しなければならないことが2つあります。1つは、with ブロックの一部として使用できる何かがジェネレータの中から返される可能性があることです。

呼び出し元に値を返す方法は、リスト 13-7 のようになります。キーワード as は、この値を変数に格納するために使用されます。

●リスト 13-7：値を返すコンテキストマネージャの定義

```python
import contextlib

@contextlib.contextmanager
def MyContext():
    print("do something first")
    yield 42
    print("do something else")
```

```
with MyContext() as value:
    print(value)
```

このコードを実行すると、次のような出力が生成されます。

```
do something first
42
do something else
```

また、コンテキストマネージャを使用する際には、withコードブロックの中で送出される例外に対処する必要があるかもしれません。例外を処理するには、リスト13-8のようにyield文をtry...exceptブロックで囲みます。

●リスト13-8：コンテキストマネージャでの例外処理

```
import contextlib

@contextlib.contextmanager
def MyContext():
    print("do something first")
    try:
        yield 42
    finally:
        print("do something else")

with MyContext() as value:
    print("about to raise")
❶    raise ValueError("let's try it")
    print(value)
```

　この例では、withコードブロックの中でValueErrorが送出されます（❶）。この例外はコンテキストマネージャに伝播されるため、yield文が例外を送出したかのように見えます。yield文をtryとfinallyで囲むことで、最後のprint関数が実行されるようにします。

リスト 13-8 のコードを実行すると、次のような出力が生成されます。

```
do something first
about to raise
do something else
Traceback (most recent call last):
  File "<stdin>", line 3, in <module>
ValueError: let's try it
```

このように、エラーはコンテキストマネージャに渡され、プログラムは try...finally ブロックを使って例外を無視するため、実行を再開して終了します。

状況によっては、複数のコンテキストマネージャを同時に使用すると効果的かもしれません。たとえば、2 つのファイルを同時に開いて、それらの内容をコピーする場合です（リスト 13-9）。

●リスト 13-9：2 つのファイルを同時に開いて内容をコピーする

```
with open("file1", "r") as source:
    with open("file2", "w") as destination:
        destination.write(source.read())
```

とは言ったものの、with 文は複数の引数をサポートしており、実際には with を 1 つだけ使用するバージョンを記述するほうが効率的です（リスト 13-10）。

●リスト 13-10：1 つの with 文で 2 つのファイルを同時に開く

```
with open("file1", "r") as source, open("file2", "w") as destination:
    destination.write(source.read())
```

コンテキストマネージャはきわめて強力なデザインパターンであり、どのような例外が発生したとしてもコードの流れを常に正常に保つのに役立ちます。コードを他のコードや contextlib.contextmanager でラッピングする必要があるさまざまな状況で、一貫性のある明確なプログラミングインターフェイスを提供するのに役立つ可能性があります。

# 13.4　attrs を使って決まりきったコードを減らす

　Python クラスの記述は煩わしいことがあります。他に選択肢がないために、ほんのいくつかのパターンを繰り返し記述するはめになるのはよくあることです※監訳注1。最も一般的な例の 1 つは、コンストラクタに渡されたいくつかの属性を使ってオブジェクトを初期化することです（リスト 13-11）。

●リスト 13-11：クラスを初期化するための一般的なコード

```
class Car(object):
    def __init__(self, color, speed=0):
        self.color = color
        self.speed = speed
```

　このプロセスは常に同じです。__init__ メソッドに渡された引数の値をコピーし、このオブジェクトに格納されるいくつかの属性に割り当てます。場合によっては、渡された値をチェックしたり、デフォルト値を計算したりといった処理が必要になることもあります。

　言うまでもなく、このオブジェクトを出力する場合は、オブジェクトが正しく表現されるようにしたいので、__repr__ メソッドも実装する必要があるでしょう。クラスによっては、シリアライズを目的としてディクショナリに簡単に変換できるようになっているかもしれません。比較やハッシュ可能性※注4 という話になれば、事態はさらに複雑になります。

　現実には、ほとんどの Python プログラマーはそうしたことを行いません。というのも、そうしたチェックやメソッドをすべて記述するとなると負担が大きすぎるからです。それらが確実に必要になるとは限らないとしたら、なおさらです。たとえば、__repr__ が役立つのはプログラムをデバッグまたはトレースしてオブジェクトを標準出力（stdout）に書き出すときだけで、それ以外の状況では役立たないとしたらどうでしょうか。

---

※監訳注1
Python 3.7 で導入された dataclasses クラスデコレータを使う方法がある。
https://docs.python.org/ja/3/library/dataclasses.html

※注4
オブジェクトをハッシュ化（hash）して set に格納するための能力。

attrs ライブラリ[注5] の目的は、すべてのクラスに汎用的な定型コードを提供し、コードの大部分を自動的に生成することで、単純明快なソリューションを実現することにあります。このライブラリは pip install attrs コマンドでインストールできます。

このライブラリをインストールした後は、attr.s デコレータが attrs のすばらしい世界への入口となります。このデコレータをクラス宣言の前に配置し、続いてクラス内で attr.ib 関数を使って属性を宣言します。attrs ライブラリを使ってリスト 13-11 のクラスを書き換えると、リスト 13-12 のようになります。

●リスト 13-12：attr.ib 関数を使って属性を宣言する

```
import attr

@attr.s
class Car(object):
    color = attr.ib()
    speed = attr.ib(default=0)
```

このように宣言すると、__repr__ などの有益なメソッドがクラスに自動的に追加されます。__repr__ メソッドは、Python インタープリタでオブジェクトを標準出力に書き出す際に、それらのオブジェクトを表現するために呼び出されます。

```
>>> Car("blue")
Car(color='blue', speed=0)
```

この出力は、__repr__ のデフォルトの出力よりも明確です。

```
<__main__.Car object at 0x104ba4cf8>
```

※注5
https://www.attrs.org/

また、キーワード引数 validator と converter を使って、属性にさらに検証を追加することもできます。

attr.ib 関数を使って制約付きで属性を宣言する方法は、リスト 13-13 のようになります。

●リスト 13-13：attr.ib 関数で converter 引数を使用する

```
import attr

@attr.s
class Car(object):
    color = attr.ib(converter=str)
    speed = attr.ib(default=0)

    @speed.validator
    def speed_validator(self, attribute, value):
        if value < 0:
            raise ValueError("Value cannot be negative")
```

converter 引数は、コンストラクタに渡された値の変換に対処します。validator 関数は、attr.ib 関数に引数として渡すか、リスト 13-13 のようにデコレータとして使用できます。

attrs ライブラリには独自のバリデータがいくつか定義されているため（属性の型をチェックするための attr.validators.instance_of() など）、それらを独自に作成して時間を無駄にする前に必ずチェックしてください。

また、attrs ライブラリは、オブジェクトをハッシュ可能にして set または dict のキーとして使用できるようにするための調整にも対応しています。attr.s デコレータに frozen=True を渡すと、クラスのインスタンスがイミュータブル（変更不能）になります。

frozen パラメータを使ってクラスの振る舞いを変更する方法は、リスト 13-14 のようになります。

●リスト 13-14：frozen=True を使用する

```
>>> import attr
>>> @attr.s(frozen=True)
... class Car(object):
...     color = attr.ib()
...
```

```
>>> {Car("blue"), Car("blue"), Car("red")}
{Car(color='red'), Car(color='blue')}
>>> Car("blue").color = "red"
Traceback (most recent call last)
  ...
attr.exceptions.FrozenInstanceError
```

　リスト13-14では、frozenパラメータを使ってCarクラスの振る舞いを変更しています。このクラスはハッシュ可能であるため、setに格納できますが、オブジェクトは変更できなくなります。

　まとめると、attrsライブラリには有益なメソッドが山ほど実装されているため、それらのメソッドを自分で記述する手間が省けます。クラスを作成したりソフトウェアをモデル化したりするときには、ぜひattrsライブラリを利用して効率化を図ってください。

# 13.5　まとめ

　本書の内容は以上となります。Pythonの腕を上げ、生産性の高い効率的なPythonコードの書き方について理解が深まったと思います。筆者が本書の執筆を楽しんだのと同じくらい、本書を楽しく読んでもらえることを願っています。

　Pythonはすばらしい言語であり、さまざまな分野で使用できます。そして、本書では触れなかった部分が、まだたくさんあります。しかし、どんな本にも終わりがあります。

　筆者が強くお勧めするのは、オープンソースプロジェクトのソードコードを読み、プロジェクトのコントリビューターになることで、そうしたプロジェクトから学ぶことです。自分のコードを他の開発者に見てもらい、意見を交換することは、しばしばよい学びの機会になります。

　Happy hacking!

# 索引

[STAFF]

カバーデザイン　　井口 文秀（intellection japon）
制作　　　　　　　株式会社クイープ
編集担当　　　　　西田 雅典

# Python
## ハッカーガイドブック
### 達人が教えるデプロイ、スケーラビリティ、テストのコツ

2020年 6月 1日 初版第1刷発行

著　者　　Julien Danjou（ジュリアン・ダンジュー）
監訳者　　寺田 学（てらだ まなぶ）
訳　者　　株式会社クイープ
発行者　　滝口直樹
発行所　　株式会社 マイナビ出版
　　　　　〒101-0003 東京都千代田区一ツ橋2-6-3 一ツ橋ビル 2F
　　　　　TEL： 0480-38-6872（注文専用ダイヤル）
　　　　　　　　 03-3556-2731（販売）
　　　　　　　　 03-3556-2736（編集）
　　　　　URL：https://book.mynavi.jp
　　　　　E-mail：pc-books@mynavi.jp
印刷・製本　　株式会社ルナテック